子どもの考える力を育てる

ゼロから学ぶ プログラミング入門

すわべ しんいち 著

ネズミ探偵団と謎の怪盗事件 ～おそうじロボットの世界～

登場人物

チビ助

⑧ Scratchの世界... 110

⑨ ゲームの世界.... 132

Scratchでシューティングゲームをプログラミングします。

⑩ おまけ......................... 155

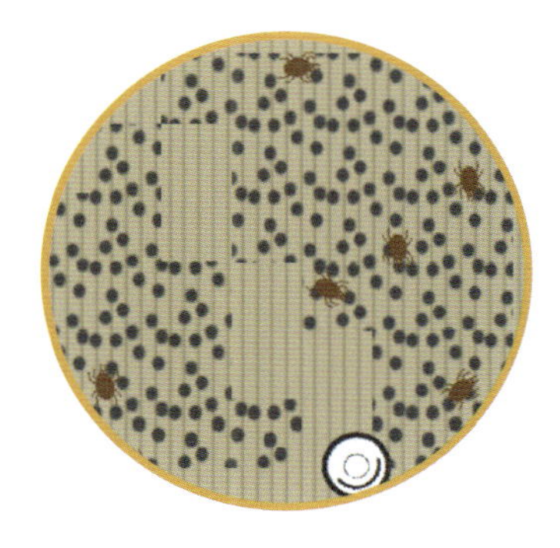

はじめに

数ある書籍の中から本書を手にとってくださり、ありがとうございます。本書は、小学校５年生以上を対象に、プログラミングの考え方をわかりやすく説明した入門書で、初心者の大人の方にも最適な内容となっています。

『プログラム』を音楽に例えると、『プログラミング言語』は楽器になります。楽器にピアノやギター、サックスなどがあるように、プログラミング言語にもＣ言語、Swift、Java、Scratchなど、いろいろな種類があります。皆さんは楽器を習うとき、どのような基準で選びますか？好きなロックバンドのギタリストに憧れてギターを選ぶという人もいるでしょうし、近所にピアノ教室があるという理由でピアノを選ぶ人もいると思います。どの楽器を習うにしても、楽譜の読み方をマスターすることをはじめ、音楽の基礎的な部分は共通で必要となる知識です。プログラミング言語でもiPhoneアプリを作りたい人はSwift、ロボットを動かしたい人はＣ言語が向いているなど、興味のあることを基準に選ぶとよいでしょう（本書の後半部分に登場する『Scratch』は、鍵盤ハーモニカのような初心者向けのプログラミング言語になります）。そして、プログラミング言語を学習するときに共通して必要となる基礎的な知識を本書で身につけていただければと思います。

プログラミング言語の『BASIC』が流行した1980年前後、子どもたちは自分でプログラミングしたゲームを雑誌に投稿し、プログラムを遊びとして楽しんでいました。今、再び創造力や論理的な思考力を育むツールとしてプログラミングが注目され、2020年には小学校でも必修化されようとしています。これからは子どもたちが主体的に考え、自分で学ぶ学習スタイルが求められているのです。本書が、そんな子どもたちのお役に立てればと願っています。

2017年10月　すわべ しんいち

プログラミング的思考が身につく入門書

ネズミ探偵団と謎の怪盗事件
～おそうじロボットの世界～

監修

東北学院大学工学部 教授
熊谷 正朗

1. 消えたプログラム

この物語は、ネズミたちが暮(く)らすスクラッチ王国から出発した船の中でのネズミ探偵団(たんていだん)の活躍(かつやく)を描(えが)いています。
船の中でおきた『どら焼き行方不明事件』をみごとに解決したマー太とラン子とチビ助は、ネズミ探偵団(たんていだん)としてすっかり有名になっていました。そんな絶好調の三匹(さんびき)が、船長からの呼(よ)び出しで研究室に行くと、いつになくあわてた博士ネズミがいました。

博士ネズミ：「なんとかしてくれ！おそうじロボットのプログラムが盗(ぬす)まれてしまったんじゃ!!」

しかし三匹には、博士ネズミがなぜ困っているのかわかりません。だって、目の前の机の上には、見覚えのあるおそうじロボットがちゃんと置いてあるのです。

ラン子：「おそうじロボットなら、ちゃんとあるじゃない」
博士ネズミ：「違うんじゃ。盗まれたのは、おそうじロボットの頭の中身なんじゃ」
マー太：「おそうじロボットに頭があって、おまけに中身まである？」

ネズミ探偵団は不思議そうな顔をしました。

博士ネズミ：「それでは、君たちにクイズをだすとしよう。普通の掃除機とおそうじロボットの違いは、何だかわかるかね？」
ラン子：「掃除機は私たちが操作をしてあげないと動かないけど、おそうじロボットはスイッチを入れただけで自動でお掃除してくれる！」
博士ネズミ：「そうだね。では、どうしておそうじロボットは、誰かが操作しなくても勝手にお掃除をしてくれるかわかるかね？バスには運転手が必要だし、この船にも船員がいてしっかり航海してくれている。それなのに、おそうじロボットは勝手に自分でお掃除できるなんて、不思議だとは思わんかね？」

すると、チビ助が当たり前という顔をして大きな声で答えました。

チビ助：「おそうじロボットは、ロボットだからだよ！」

ラン子：「確かに、誰（だれ）かが操作（そうさ）して動かしていたら、ロボットじゃないわね。ロボットは自動で勝手に動かないと……ロボットなんだから」
博士ネズミ：「だったら、どうしてロボットは自動で動くことができるのかね？」

何度も繰（く）り返される質問に、ラン子とチビ助が顔を見合わせていると、マー太が答えます。

マー太：「おそうじロボットにはコンピュータが入っているから、自動でお掃除（そうじ）してくれるんだよ」

博士ネズミ：「さすがマー太君じゃ。でも、それだけではないんだ。チビ助君、おそうじロボットのスイッチを入れてみてくれないか」

さっそくチビ助はスイッチを入れましたが、おそうじロボットはピクリともしません。

博士ネズミ：「壊（こわ）れているわけではないんじゃ。プログラムが盗（ぬす）まれてしまったから、動かなくなってしまったんじゃ」
ラン子：「プログラムがないと、コンピュータは動かないってことなの？」
博士ネズミ：「そのとおり！操作（そうさ）しなくても自動で動くいまどきの機械には、たいていコンピュータが入っているんじゃが、コンピュータはプログラムで指示をしないと動かない。

コンピュータとプログラムは常にセットの関係なんじゃよ。

ゲーム機があってもゲームソフトがなければ遊べないのと同じじゃ」

博士ネズミは、黒板を使って説明を始めました。

マー太：「なるほど……ようやく理解できましたよ。今回の依頼は、盗んだ犯人を見つけて、プログラムを取り戻せばいいんですね！」

さっそく捜査をはじめようとするマー太でしたが、博士ネズミは残念そうに首を振ります。

博士ネズミ：「君たちには、おそうじロボット用のプログラムを作ってもらいたいんじゃ。犯人を捕まえても、プログラムが戻るとは限らない。おそうじロボットが動かなければ船の中は汚れてしまう。いまはプログラムを作る方が先なんじゃ」

ラン子：「コンピュータはプログラムがないと動かないということはわかったけど、そもそもプログラムが何かってことがわかっていない私たちに作れるのかしら？」

博士ネズミ：「私ひとりでも作れないことはないが、より良いプログラムを作るには、いろいろな考えかたや見かたが必要なんじゃ。船のみんなのためにぜひ手伝ってくれないかね」

ここまで博士ネズミにお願いされたら、断れないのがネズミ探偵団。プログラム作りに協力することを約束しました。

博士ネズミ：「では、さっそくはじめてみようじゃないか。最初にお掃除をしたことのないチビ助君が、ひとりで上手にお掃除ができるように、お掃除のやり方を手紙に書いてくれないか。

プログラムとは、コンピュータに指示をだす手紙みたいなものなんじゃよ」

ラン子は博士ネズミから便箋を受け取ると、このように手紙を書いて、チビ助に渡しました。

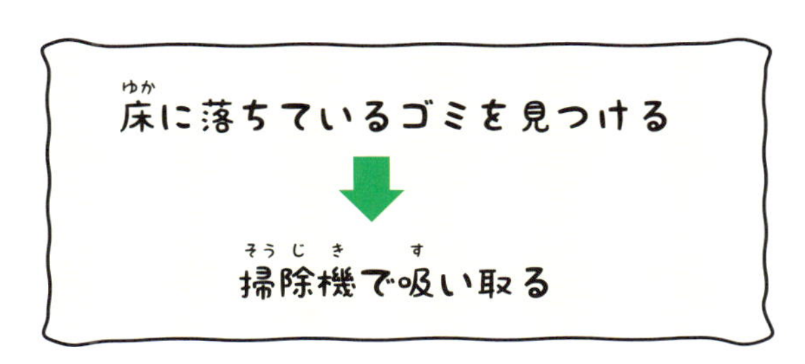

しかしチビ助は、手紙を読んでも動こうとしません。

博士ネズミが理由を聞くと、チビ助は、「ゴミって何？」と困った顔をしています。

マー太：「チビ助、あそこに落ちているような紙くずのことだよ」

さっそく、チビ助はマー太の指さした紙くずに掃除機を向けましたが、チビ助のいる位置からだと、紙くずまで掃除機が届きません。

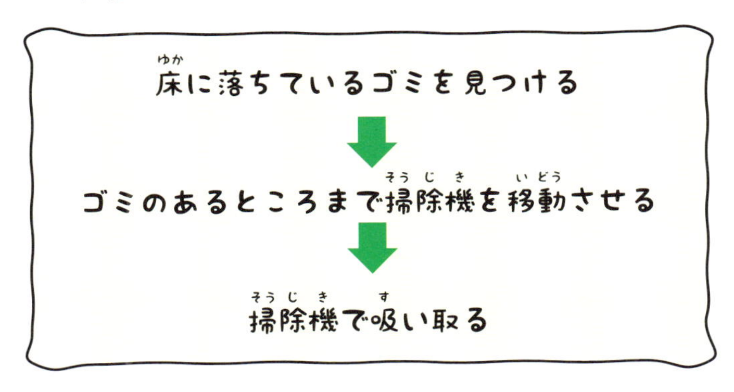

すぐにラン子は手紙を書き直し、自信満々にチビ助に渡しました。しかし、チビ助は掃除機を移動させると、一個だけゴミを吸い取っただけで、「できた！」と、満足そうにお掃除を終えてしまいました。

ラン子：「できた！じゃないでしょ。まだあっちにもこっちにも紙くずが落ちているじゃない！」
チビ助：「手紙のとおりにお掃除しただけなのに、どうして怒られなきゃいけないの？」

と、チビ助は博士ネズミに手紙を見せます。

博士ネズミ：「確かにチビ助君は、手紙のとおりにお掃除ができているみたいじゃな」

ラン子：「そうかぁ。一回分しか手紙に書かなかったから、紙くず一個しか掃除機で吸い取ってくれなかったのね……。

それなら何回も吸わせればいいんだから……」

ラン子は悔しそうに手紙を書き直しました。

床に落ちているゴミを見つける

↓

ゴミのあるところまで掃除機を移動させる

↓

掃除機で吸い取る

↓

床に落ちているゴミを見つける

↓

ゴミのあるところまで掃除機を移動させる

↓

掃除機で吸い取る

↓

床に落ちているゴミを見つける

↓

ゴミのあるところまで掃除機を移動させる

↓

掃除機で吸い取る

↓

床に落ちているゴミを見つける

↓

ゴミのあるところまで掃除機を移動させる

↓

掃除機で吸い取る

01

「お掃除(そうじ)って、何回書けば終わるの？」と、自分でもわからなくなって、ラン子が悩(なや)んでいます。でも、こういうときに頼(たよ)りになるのが、リーダーのマー太です。

マー太：「何回も同じことを書くようなときは、『繰(く)り返す』を使えばいいんだよ」

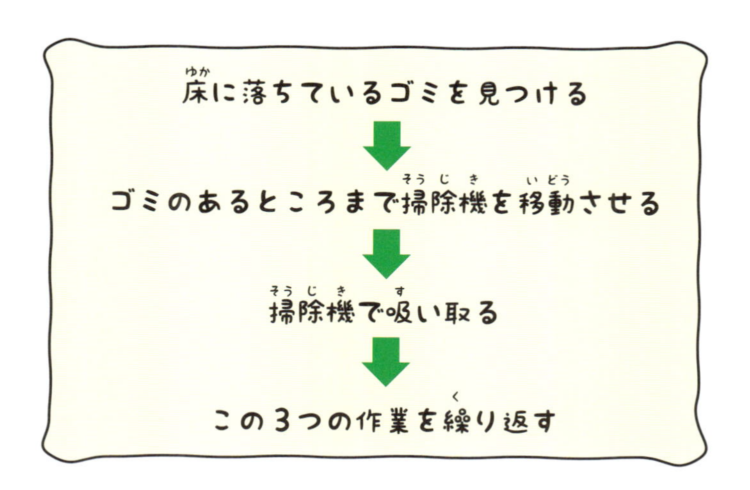

床(ゆか)に落ちているゴミを見つける
ゴミのあるところまで掃除機(そうじき)を移動(いどう)させる
掃除機(そうじき)で吸(す)い取る
この3つの作業を繰(く)り返す

ラン子：「なるほど……これなら４行で書き終わるから便利だわ！」

ラン子は、マー太のアドバイスどおりに手紙を書きなおしました。
しかしラン子が手紙を差し出しても、チビ助は首を横に振って受け取ろうとしません。

チビ助：「ところでゴミが無くなったらどうすればいいの？ 僕にお掃除を永遠に続けさせるってことなの？」

確かにこの手紙には終わりが書いてありません。無限にお掃除を繰り返さなければならないチビ助がふてくされるのも無理もありません。

マー太：「お掃除を終わりにするための条件を追加してあげればいいんじゃない？『ゴミがなくなるまで』を追加しよう！」

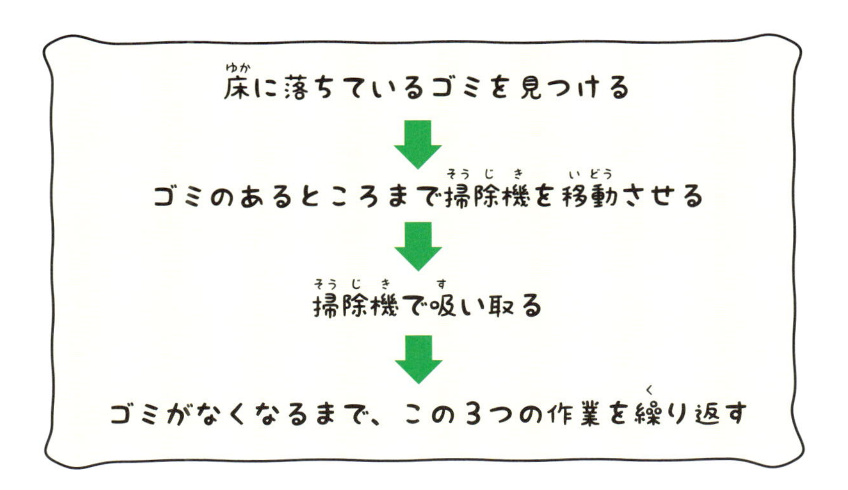

マー太が新しく書き直した手紙を読んだチビ助は、「これなら大丈夫！」と、お掃除をはじめたまではよかったのですが、今度もチビ助は、あっというまにお掃除を終わらせてしまいました。

これにはマー太もラン子もそろって首をかしげます。だって、

『ゴミがなくなるまで、この３つの作業を繰り返す』

と手紙には書かれているのに、床にはまだホコリや抜け毛などがたくさん落ちています。しかし、チビ助は言い張ります。

チビ助：「マー太兄ちゃんから教わった紙くずは、すべて掃除機で吸い取ったよ」

チビ助にとって、教えてもらったゴミは“紙くず”だけだったのです。

これにはラン子も困ってしまいました。少し考えただけでも、床に落ちているゴミには糸くずやお菓子のかけら、ホコリや抜け毛など紙くず以外にもたくさんの種類があります。それらをすべて手紙に書くのは、とても無理です。

マー太：「それならゴミを探して掃除機で吸い取るやり方ではなくて、雑巾で床を拭くように、床全体に掃除機をかければいいんじゃないかな？僕たちだって、掃除機をかけるときに一つひとつゴミなんて探してないじゃない」

マー太は、いままでの手紙とはまったく違うお掃除の方法を提案しました。

マー太：「問題が解決できなくて困ったときは、ものの見かたを変えるだけで、違った答えが見えてくるものだよ」

01

部屋全体の床に掃除機をかける

ラン子は、チビ助に一行だけの手紙を渡しました。それを読んだチビ助は、今度は無事にお掃除を終えることができました。

博士ネズミ：「ようやく終わったみたいじゃな。実は、おそうじロボットもお掃除を知らないチビ助君と同じなんじゃよ」
ラン子：「なんとなくわかった気がします。おそうじロボットがどのように動いたら部屋の中がきれいになるのかを考えることが私たちの役目なんですね……コンピュータがあれば、あとは自動でなんでもできるものと勘違いしていました」

博士ネズミ：「コンピュータといってもただの機械。

目の前の問題を自動で解決することなんてできないんじゃ。問題を解決するための方法を指示するのは、私たちの役目なんじゃ」

博士の言葉に、ネズミ探偵団は自分たちが呼ばれた訳がはじめてわかった気がしました。

博士ネズミ：「詳しくはこれから説明するとして、おそうじロボットを自動で動かすためには、おそうじロボットに適した動きの手順を考える → 動きの手順を細かく分解する → 分解した内容をプログラムの文章に書き直し、コンピュータに指示する → コンピュータが掃除機を動かす。という流れが必要なんじゃ」

マー太：「難しそうだけど、チャレンジしてみます！」

博士ネズミ：「一般的にこの考え方のことを

『プログラミング的思考』と呼んでいるんじゃ。

次は、おそうじロボットの動きについて、一緒に考えてみようじゃないか」

2. ロボットのしくみ

博士ネズミ：「ネズミ探偵団(たんていだん)は、ロボットというと、どんなものを想像するかね」

と、博士ネズミお得意のクイズがはじまりました。

ラン子：「やっぱりペット型ロボットじゃない？中でも私(わたし)は犬のロボットが一番好き！」
博士ネズミ：「ではラン子君、犬のおもちゃと、犬型ロボットの違(ちが)いは何だかわかるかね？」
ラン子：「一般的(いっぱんてき)に犬のおもちゃは、歩くこととか、ほえるだけとか単純(たんじゅん)なことしかできないけど、犬型ロボットはなでる位置で動きが変わったり名前を呼(よ)ぶと反応したりと、いろいろな動きができるのよ」

マー太：「ロボットには、単純なおもちゃと違って、コンピュータが組み込まれてるって言いたいんでしょ？」
博士ネズミ：「マー太君は鋭いね！そのとおりなんじゃ。

ロボットはコンピュータでコントロールされているから、自分で判断して、いろいろな動きをすることができるんじゃ」

マー太：「でも博士、どうして犬型ロボットはさわられたことがわかるんですか？コンピュータはあくまで頭脳であって、さわられたことまではわからないと思うんだけどな……」
博士ネズミ：「よく気がついたね。実はロボットには、コンピュータ以外にも大切な部品が使われているんじゃ」

博士ネズミは、めがねを押し上げると、重々しく言いました。

博士ネズミ：「ロボットには、目や耳や感触など私たちの五感の代わりになるセンサーという部品が組み込まれているんじゃ」

チビ助：「センサーってはじめて聞くけど、僕たちの知っている部品？」

博士ネズミ：「一口にセンサーと言っても、使われる用途によっていろいろな種類があるんじゃ。耳の代わりなら音をひろうマイク。目の代わりならカメラやレーダーが代表的なセンサーで、車の衝突防止機能などにも使われたりしている。そして触覚には、接触センサーや接触スイッチなどが使われているんじゃ」

マー太：「センサーで情報を集めて、それをロボットの頭脳であるコンピュータに伝え、コンピュータがプログラムされた内容のとおりに情報を判断しているわけですね」

ラン子：「ロボットも私たちの体と同じなのね……なんだか感心しちゃう！」

ラン子は大きな目を見開いて、ロボットのすごさに驚いています。

マー太：「目や耳や触覚から得た情報は脳に集まり、脳で考えて判断される。そして判断した結果は、脳から筋肉に伝わって体を動かす。ということは、ロボットにも筋肉の代わりになる部品があるってことですか？」

博士ネズミ：「そのとおりじゃ。

ロボットを動かすのに使われる部品は、ほとんどの場合、モータなんじゃ」

チビ助：「モータなら知ってる！僕のおもちゃの車にも付いてるよ。電気で回転する部品のことだよね」

博士ネズミ：「チビ助君。まさにそれがモータじゃ」

マー太：「博士。これでロボットの謎はとけましたよ。

いろいろなセンサーから得られた情報がコンピュータに伝わる。コンピュータは僕たちが考えたプログラムどおりに情報を判断し、モータに指示を出してロボットを動かす。

ロボットはこれを繰り返しているということなんですね」

博士ネズミ：「さすがマー太君。正解じゃ！」

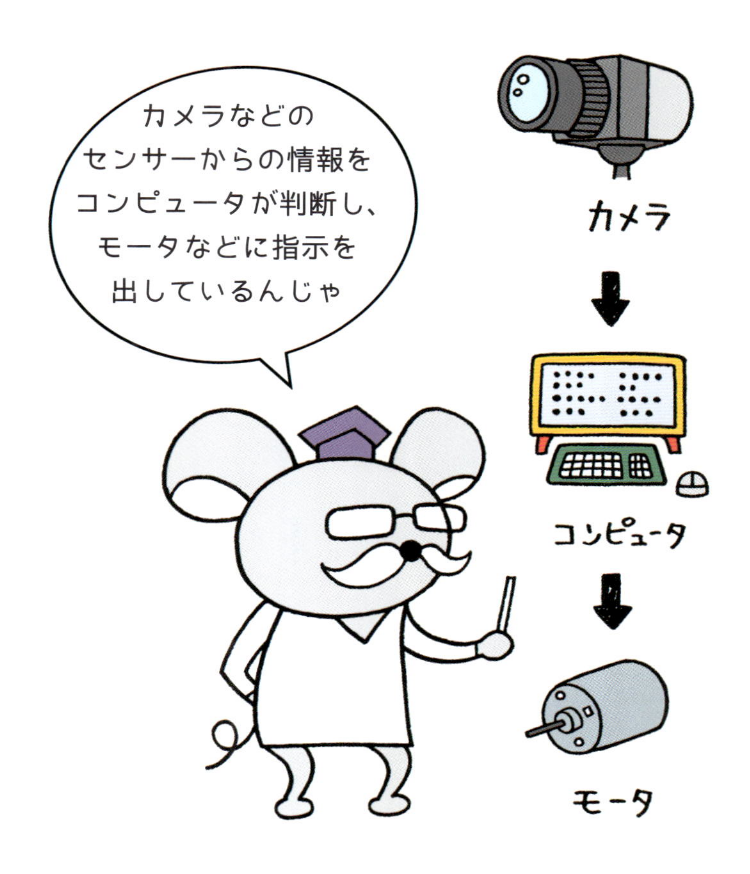

博士ネズミ：「ネズミ探偵団(たんていだん)ならすでに気づいていると思うが、おそうじロボットのような

自動で動く機械は、『便利な魔法(まほう)の箱』ではなく、プログラムを通じて私(わたし)たちが指示した動きをしているだけなんじゃ」

ラン子：「同じおそうじロボットでも、プログラムが良ければ完璧にお掃除をするし、悪いプログラムだとゴミが残ったままお掃除を終わりにしてしまうことがあるわけね」

博士ネズミ：「しかもロボットの動きは、機械の構造によっても制限されてしまうから、難しいところがあるんじゃ」

ラン子：「機械の構造ってなんですか？」
博士ネズミ：「簡単に説明すると、

機械の構造とは、機械がどんな形をしていて、どう動いて、モータがどこに何個付いているとか、何のセンサーが付いているとかということなんじゃ。

例えば、おそうじロボットは掃除機にコンピュータが組み込まれた機械だと説明したはずじゃが、見た目もまったく違う。これは、掃除機は私たちが手に持って操作しやすい形になっていて、おそうじロボットは、それ自体が動きやすい形になっているからなんじゃ」

02

ラン子：「私たちが操作しやすい形と、おそうじロボットが動きやすい形は違うってことなのね」

マー太：「確かに自分で動くおそうじロボットに、長いホースは必要ないですよね。走行のじゃまにもなりますから」

博士ネズミ：「良いところに気づいたね！実はロボットにとって、走行はとても大切なポイントなんじゃ」

チビ助：「僕たちネズミも、もたもたしていたら、猫に食べられちゃうもんね」

博士ネズミ：「ではここで、リモコンで動く車のおもちゃを使って、走行の実験をしてみようじゃないか」

博士ネズミは、車のおもちゃを取り出しました。

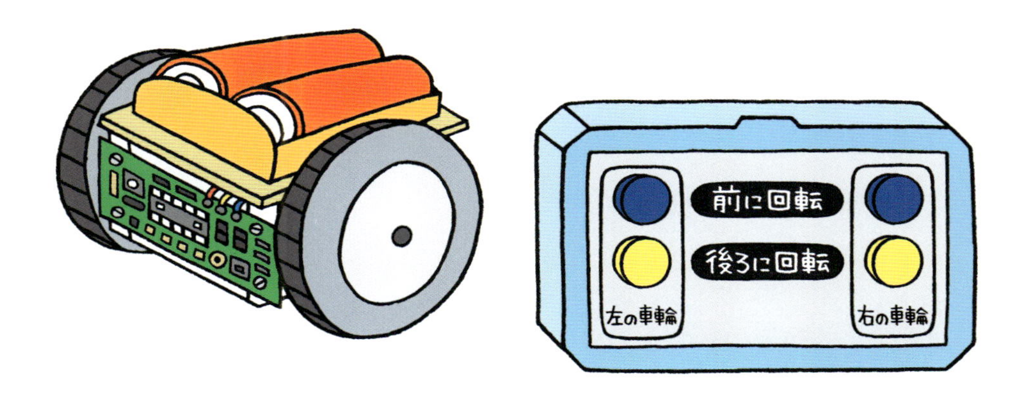

博士ネズミ：「これは、リモコンで動く車のおもちゃじゃ。

移動ロボットの中で最も多いのが、このように車輪で動く車輪移動式なんじゃよ」

博士ネズミの説明も聞かず、チビ助はリモコンの車を食い入るように見つめています。

ラン子：「ということは、別の移動方法もあるのかな？」

博士ネズミ：「人型の歩くロボットを見たことはないかね？あれは車輪を使わない別の形式なんじゃ」

マー太：「おそうじロボットは、車輪移動式なんですね」

博士ネズミ：「そうじゃ。しかも車輪移動式の車には、進む方向を変える方法の違いで二つのタイプがあるんじゃ。一つがハンドル操作で車輪の向きを変えて曲がる、三輪車や自動車のようなタイプ。もう一つが、おそうじロボットや車イスのように車輪が二つあって、この二つの車輪の回転の速さを調整することで方向を変えるタイプなんじゃ」

チビ助：「えっ!?ハンドルがなくても方向を変えられるの？」

博士ネズミ：「信じられないかね？このタイプの移動式ロボットのことを、

『対向２輪駆動ロボット』と呼ぶんじゃ」

チビ助：「博士、わかったから、早く動かそうよ！」

チビ助は、おもちゃの車を動かしたくて、ムズムズしています。

博士ネズミ：「それではチビ助君、リモコンを手にとって、『左の車輪』と『右の車輪』の『前に回転』のボタンを同時に押してみてくれないかね」

チビ助は、言われたとおりにリモコンのボタンを押しました。

チビ助：「右と左の車輪を同じ速さで前に回転させると、まっすぐ前進するんだ！」

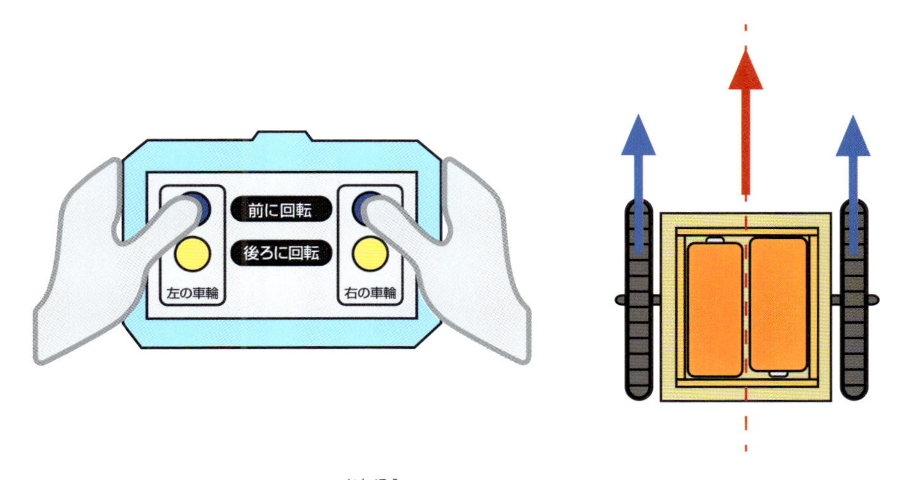

博士ネズミ：「では次に、片方の車輪だけを前方向に回転させるとどうなるかね？」

チビ助はわくわくしながら、博士ネズミに言われたとおりにリモコンのボタンを押して、車のおもちゃを動かしてみました。

チビ助：「右の車輪だけを前に回転させると、止まっている左の車輪を中心に左前方向に回る」

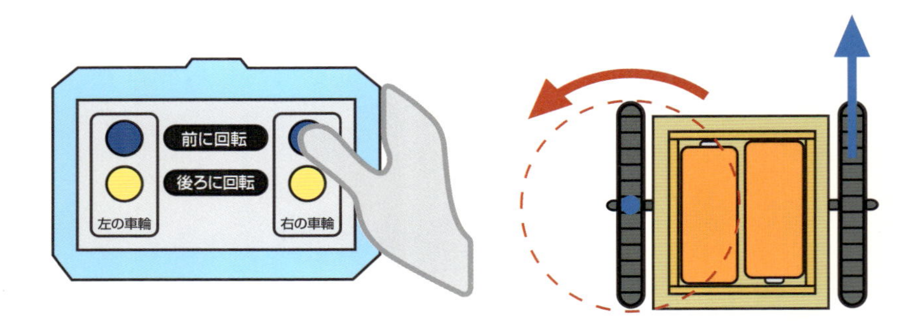

チビ助：「左の車輪だけを前に回転させると、止まっている右の車輪を中心に右前方向に回る」

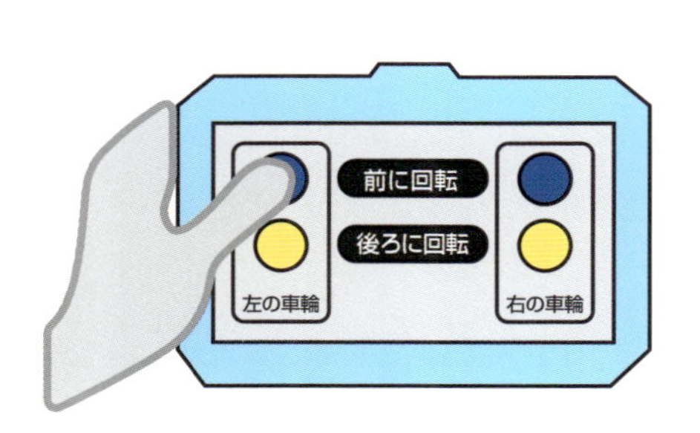

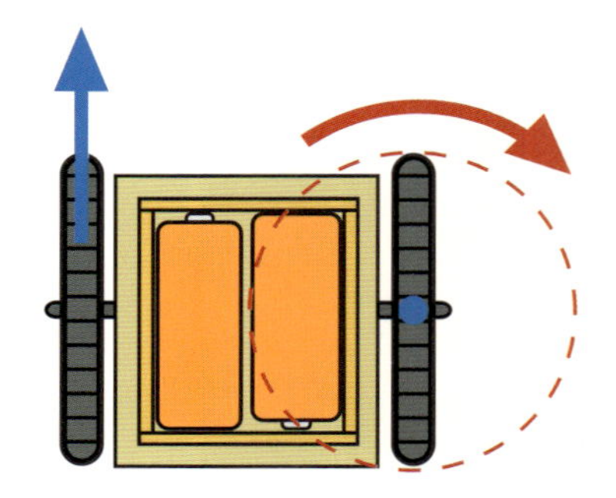

博士ネズミ：「その場で回りたい場合は、片方(かたほう)の車輪を前に、もう片方(かたほう)の車輪を後ろに回転させてあげれば良いんじゃ」

さっそくチビ助は、リモコンを操作(そうさ)して確認(かくにん)しました。

チビ助：「左の車輪を前に回転、右の車輪を後ろに回転させると、上から見て時計回りにその場で回る」

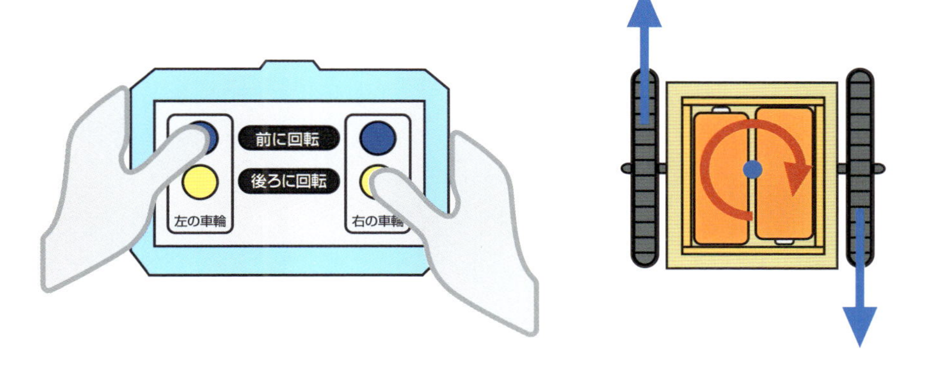

チビ助：「右の車輪を前に回転、左の車輪を後ろに回転させると、上から見て反時計回りにその場で回るってことだよね」

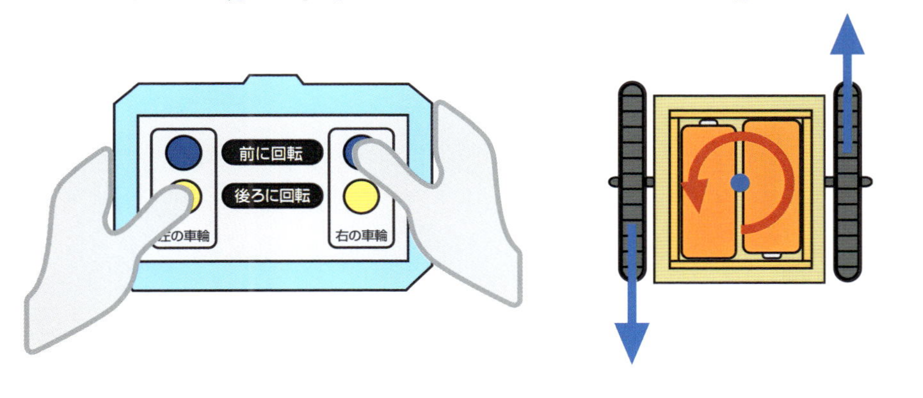

博士ネズミ：「このおもちゃのように、『対向２輪駆動』の車は、右と左の車輪を別々に回転させられるから、その組み合わせ方を利用して方向を変えられるんじゃ。そのため右と左の車輪には、それぞれ別のモータが付いているんじゃよ」

チビ助：「モータの付いた二つの車輪を前や後ろに回転させることで、直進したり、回ったり、その場で回転することができるんだね！」

博士ネズミ：「このおもちゃの車は、車輪を前後に決まった速さでしか回転させることしかできないが、速さも調整できるようなおもちゃの車だと、小さな円や大きな円を描いて走らせることもできるんじゃ」
チビ助：「カーブすることができるってことだよね！カッコいい！！」

構造が簡単で、いろいろな動きができる対向２輪駆動の車がおもしろくて、チビ助はすっかり夢中になってしまいました。

ラン子：「でもそのことと、『部屋全体の床に掃除機をかける』ってことと、どう関係があるのかしら？」

博士ネズミ：「『部屋全体の床に掃除機をかける』という手紙は、チビ助君には伝わったかもしれないが、おそうじロボットのコンピュータには、伝わらないんじゃよ」

博士ネズミの言葉に、「どうしてダメなの？」と、ネズミ探偵団は驚いて聞き返しました。

博士ネズミ：「それでは今度は『部屋全体の床に掃除機をかける』について、対向２輪駆動ロボットであるおそうじロボットの気持ちになって、一緒に考えてみようじゃないか」

おそうじロボットの気持ちってどんな気持ちだろうと、三匹は顔を見合わせてしまいました。

3. おそうじロボットの気持ち

博士ネズミ：「それでは、またクイズじゃ。しかし今回のクイズでは、ネズミ探偵団（たんていだん）のみんなは、おそうじロボットのコンピュータになったつもりで答えてくれたまえ。では、最初の問題じゃ。

まっすぐ進みたいときは、どこにどういう指示をすればいいか、わかるかね？」

「右の車輪と左の車輪が同じ速さで前に回転するように指示します」と、三匹（さんびき）が同時に答えます。

博士ネズミ：「よろしい。だいぶ理解できたようじゃな」

博士ネズミは、実際におもちゃの車を操作（そうさ）してみせました。

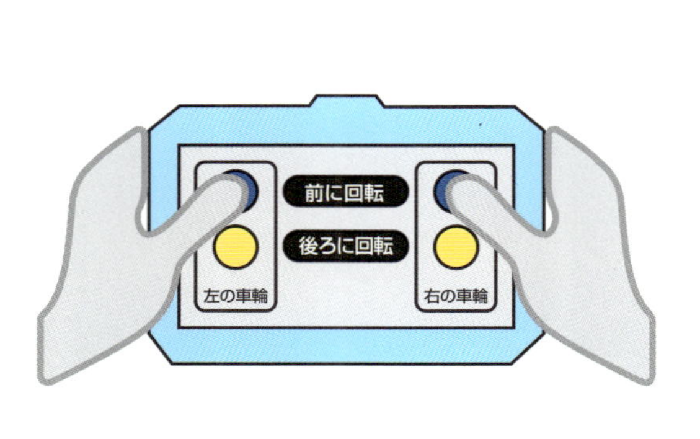

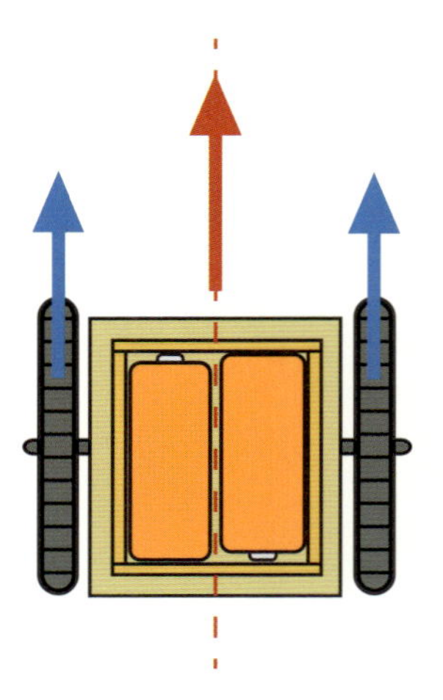

博士ネズミ：「では次のクイズじゃ。『部屋全体の床に掃除機をかける』ときは、どこにどういう指示をすればいいかね？先ほどお掃除をしてくれたチビ助君ならわかるはずじゃ」
チビ助：「まずはまっすぐ走って……ずっと進むと壁にぶつかるから、そうしたら右を向いて……それから……少しだけ走ったら、もう一度右を向いて……」

チビ助は、記憶をたどりながら一つひとつの動きを説明していきました。

マー太：「そっか……コンピュータが理解できるように指示するには、動きを小さな手順に分解しないとダメなんですね」

博士ネズミ：「さすがマー太君、そのとおりじゃ。おそうじロボットも、このリモコンの車と同じで、

リモコンで操作できる動きしか、指示ができないんじゃよ」

チビ助:「このリモコンで操作(そうさ)できる動きは、『まっすぐ』と『回る』と『その場で回る』だけってことだよね」

ラン子:「そっかぁ！例えば私(わたし)の位置から博士の位置まで走らせたい場合は、

まっすぐを３マス分進む

↓

その場で回って右を向く

↓

まっすぐを２マス分進む

というように走らせたいコースを、『まっすぐ』と『回る』と『その場で回る』の３つの動きに分解しないとダメなのね！」

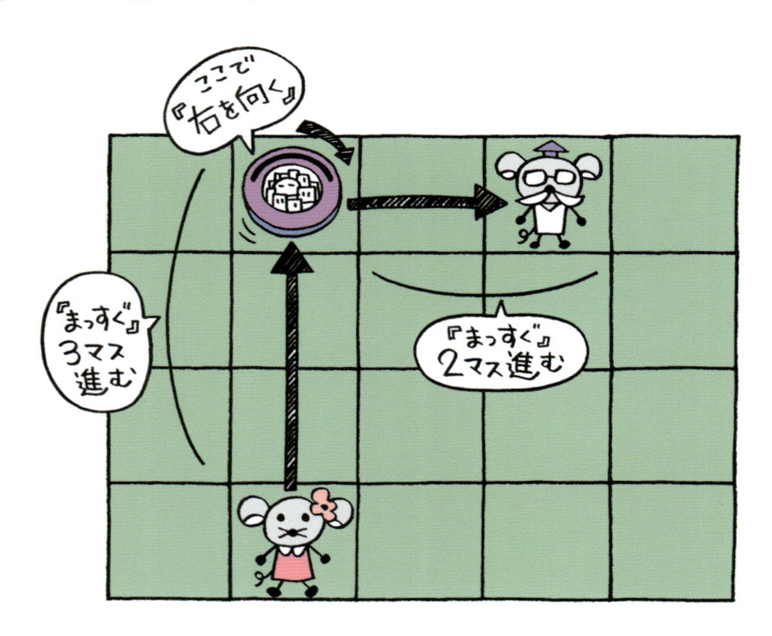

博士ネズミ：「ではチビ助君。ラン子君からもらった『部屋全体の床に掃除機をかける』と書かれた手紙を読んで、実際にどのように掃除をしたのか、黒板に動きを描いてくれるかな」

博士ネズミに言われ、チビ助は黒板に自分の動きを描きはじめました。

チビ助：「雑巾で床を拭くように、床全体に掃除機をかければいいんじゃないかってマー太兄ちゃんに言われたから、こんな動きで掃除をしたと思うよ」

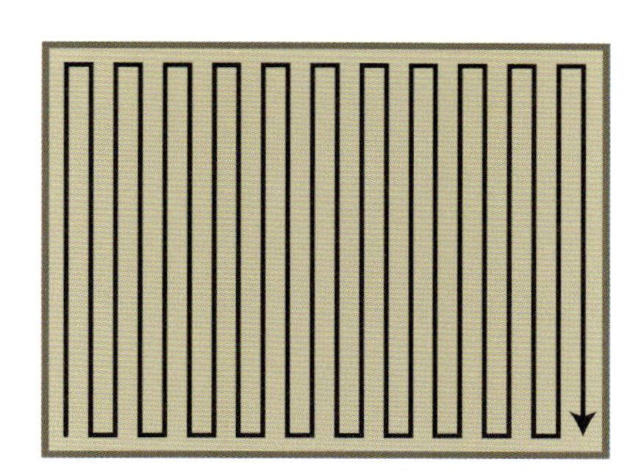

博士ネズミ：「この絵を見ながら、一つひとつの動きを、今度は手紙ではなく一枚ずつメモに書いていくことにしようじゃないか。では、チビ助君から順番に書いていってくれるかね」

チビ助は博士ネズミからもらった１枚目のメモに、最初の動きを書きました。

次はラン子の番です。２枚目のメモに、

と書きましたが、マー太から「これだといつ右を向いていいのかわからないよ」と言われてしまいました。しかしラン子に言わせると悪いのは最初のチビ助で、

『壁に当たるまでまっすぐ進む』

と書いておけば、壁に当たったらおそうじロボットは止まるのに、と主張します。しかしチビ助もチビ助で、

『壁に当たったら止まる』

と、２枚目のメモにラン子が書けば良かっただけと、言い合いになってしまいました。しかし、最終的にはお姉ちゃんのラン子がゆずって、２枚目のメモを『右を向く』から『壁に当たったら止まる』に書き直すことにしました。

そこでマー太は３枚目のメモに、

と書きました。一巡して、再びチビ助の番です。チビ助が４枚目のメモに、

と書いたところで、「ちょっと待って！」と今度はラン子がチビ助を止めました。

ラン子：「“少しだけ” って、コンピュータはわかるのかな？」

と、ラン子は博士ネズミに質問します。

博士ネズミ：「それでは、ネズミ探偵団(たんていだん)にとって、“少しだけ”がどれくらいか、『せぇーの』で、教えてくれないか？」

博士ネズミの掛(か)け声で、三匹(さんびき)は同時に『少しだけ』の長さを手と手の幅(はば)で表現しましたが、残念なことに、三匹(さんびき)ともバラバラの幅(はば)になってしまいました。

チビ助：「『少しだけ』って言い方じゃあ、ダメなんだ……」

しばらく考えてから、チビ助はメモを書き直しました。

ラン子：「コンピュータはそもそも５センチみたいな長さって測れるのかな？

おそうじロボットには、定規とか付いてないですよね」

チビ助のメモを見て、ラン子が疑問を口にしました。

博士ネズミ：「なかなか面白い質問じゃな。確かに、おそうじロボットに定規は付いていないが、わかると思ってくれていい」

残念ながらラン子が期待していた答えとは反対でした。

マー太：「定規がないのに、どうやって走った距離がわかるんですか？」
博士ネズミ：「ヒントは、車輪の大きさなんじゃ、わかるかね？」
マー太：「車輪の大きさって、外周の長さのことかな……」

と、マー太が考えている一方で、チビ助は「がいしゅう？」と初めて聞く言葉を確かめるようにつぶやいています。

博士ネズミ：「外周とは、物の外側の一周のことなんじゃ。

では、巻尺を用意したから、車輪の外周の長さを測ってくれないか？」

03

ラン子は巻尺を博士ネズミから受け取ると、車輪の外周の長さを測りました。

ラン子：「外周の長さは10センチです」
チビ助：「ところで、車輪の外周の長さと、車が走った距離って、どう関係あるの？」

三匹は考え込んでしまいました。しかしそこは名探偵のマー太。しばらくすると、「計算をすればわかるんだ！」と大きな声をあげました。

マー太：「博士、ようやく謎がとけましたよ。車輪の外周の長さと、車が移動するのにどれだけ車輪が回転したのかがわかれば、移動した距離は計算からわかるんですね」

得意げなマー太に対し、ラン子とチビ助は何を言っているのかわからず、ポカンとしています。

マー太：「車輪の外周が10センチなら、車輪が一回転して移動した距離は、10センチになるよね」

ラン子：「それなら車輪が2回転して移動した距離は、20センチってことね！」
博士ネズミ：「正解じゃ！半回転なら5センチ移動したことになる。ここは重要なので、もう少し詳しく説明することにしよう」

博士は黒板に絵を描いて説明してくれました。おかげでチビ助もすっかり理解できて、ニコニコしています。

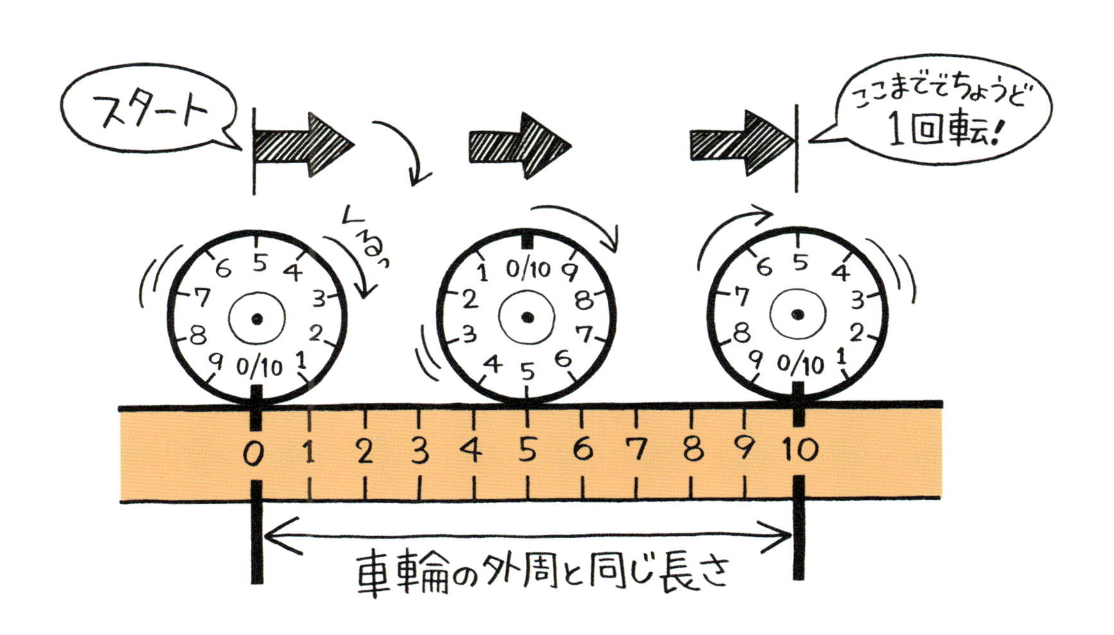

博士ネズミ：「走った距離がわかるだけでなく、『右を向く』や『左を向く』なら、左右の車輪をどれだけ前や後ろに回転させたらいいのかまで、計算から求められるんじゃ」

マー太：「それって、おそうじロボットは自分のいる位置がわかるってことになりますよね？」

博士ネズミ：「そのとおり。このような作業を自己位置推定と呼ぶんじゃ。ちなみに、車輪がどれだけ回転したかという情報は、車輪やモータの軸に取り付けてある回転角度センサーという部品から得ているんじゃよ」

ラン子：「機械を自動で動かすのって、こんなにも大変な作業だったのね……」

いまさらながらネズミ探偵団は、プログラムの難しさを実感しました。

博士ネズミ：「では、メモの続きをやろうじゃないか」

博士ネズミは、ラン子にメモを渡しました。

ラン子：「おそうじロボットは、5センチ進んだ位置で止まっているんだから……」

と、メモに書きました。

それにしても、たった一往復分のおそうじロボットの動きを一つひとつの手順に分解してメモに書くだけで、あっという間にメモは10枚になってしまいました。その多さにネズミ探偵団は驚きを隠せない様子です。

そこで博士ネズミは、10枚のメモを机の上に順番に並べていきました。

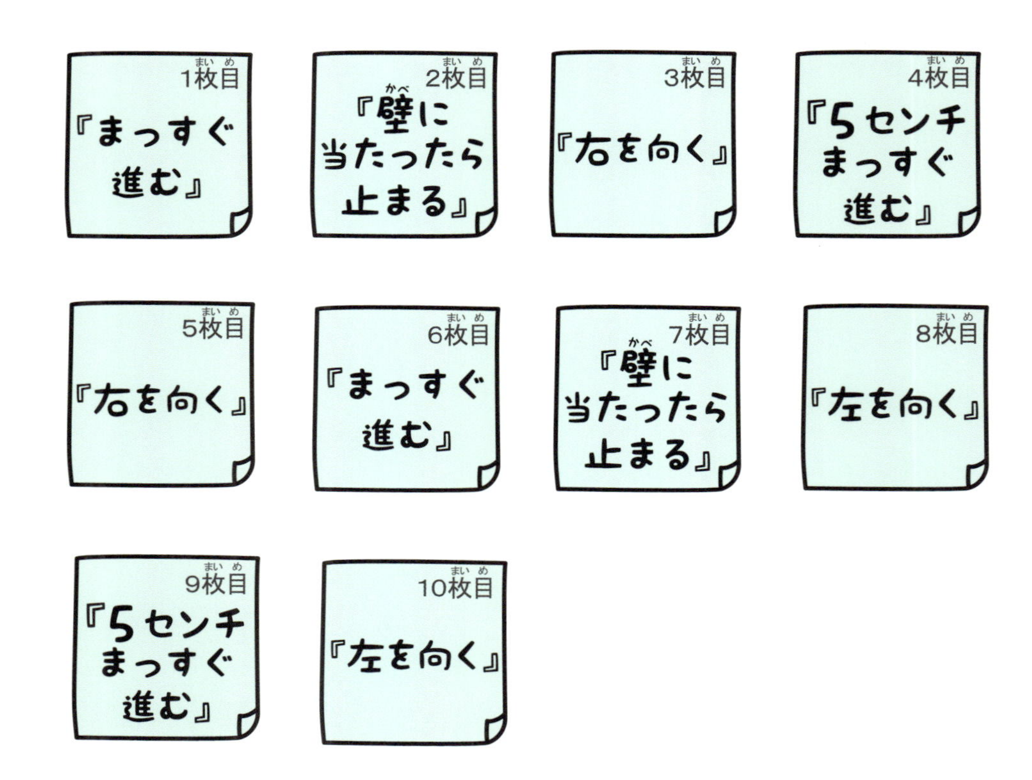

チビ助：「ここまできたら、あとは『繰り返す』を使えばいいんじゃない？」

机に並べられたメモを見て、チビ助が言いました。

博士ネズミ：「その前に、おそうじロボットの動きをまとめてみようじゃないか」

博士ネズミは、おそうじロボットの動きを黒板に描きました。

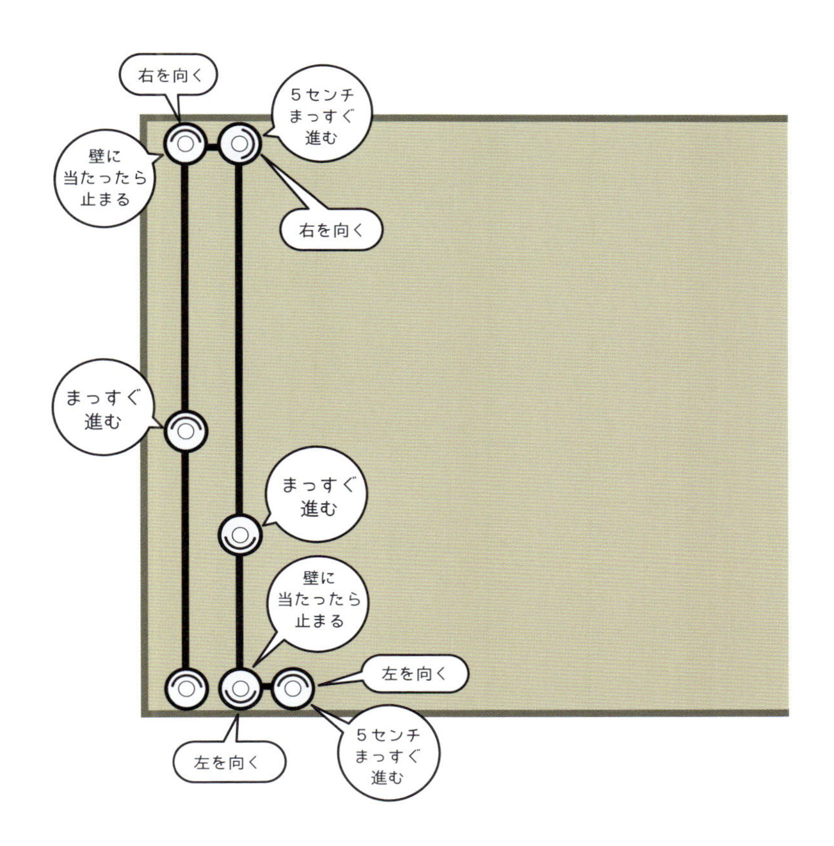

博士ネズミ：「ところで、お腹は空いていないかね？」

チョークを置くと、博士ネズミはいろいろな種類のサンドイッチがきれいに並べられたお皿を、冷蔵庫から取り出しました。

チビ助：「うわー、おいしそう！食べてもいいの？」
博士ネズミ：「もちろんだとも。いろいろな種類があるので、自分の食べたサンドイッチが何なのか、言いながら食べるんじゃよ」

ネズミ探偵団はいっせいに、お皿のサンドイッチに手をのばしました。

03

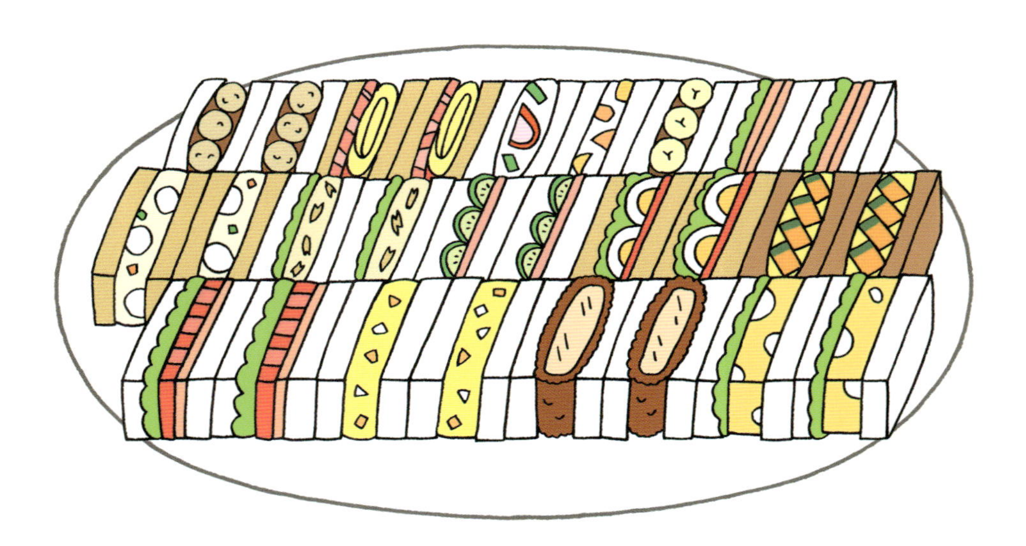

チビ助：「うまーいっ!! これは、僕の大好きなハムサンドだ！」

ラン子：「私のは、たまごサンドだわ！」

マー太：「こちらはトマトサンドですね」

三匹ともおそうじロボットのことなど忘れてしまったかのように、サンドイッチにかじりついています。

チビ助：「このサンドイッチの盛り合わせ、すごくおいしいんだけど、どうやって作ったの？」

博士ネズミ：「この間、ラン子君に作り方を教わったから、今日はそれをもとに博士バージョンで作ってみたんじゃ。そんなに喜んでもらえると、作ったかいがあるのう」

ラン子：「作り方を教えるから、チビ助も自分で作ってみたら？」

チビ助が返事をしないうちから、ラン子は作り方を教えはじめます。

ラン子：「私が博士に教えた作り方は、パンにバターを塗って、その上にハムサンドなら具のハムをのせるの。そして、別のパンにバターを塗ったらその上にかぶせ、最後にパンの耳を切り落として、お皿に盛り付けるという手順。簡単でしょ？」

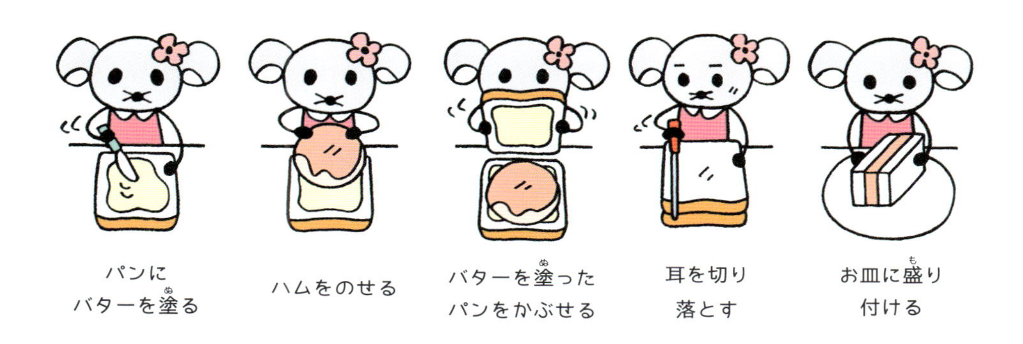

パンに
バターを塗る
ハムをのせる
バターを塗った
パンをかぶせる
耳を切り
落とす
お皿に盛り
付ける

マー太：「博士のサンドイッチも、ラン子がいつも作るサンドイッチと同じに見えるけれど、博士バージョンってどこが違うの？」

ラン子のサンドイッチを食べたことがあるマー太は、不思議そうに博士ネズミの作ったサンドイッチを見ています。ラン子も見ましたが、やっぱり違いがわかりません。

博士ネズミ：「材料とできたサンドイッチは同じでも、作り方の手順が違うんじゃよ」

博士ネズミの言い方に、ますますわからなくなってしまったネズミ探偵団。

博士ネズミ：「ラン子君の作り方は、一枚のパンにバターを塗り、ハムをのせる。そして再び別の一枚のパンにバターを塗り、その上にかぶせたら、耳を切り落としてお皿に盛る。一個作るごとにその都度お皿に盛り付けるという手順なんじゃ。
私のはまとめて作るやり方なんじゃ。それでは違いがわかるように、この場で博士バージョンの手順でサンドイッチの盛り合わせを作ってみようじゃないか」

博士ネズミは、パンやハムを冷蔵庫から取り出しました。

博士ネズミ：「最初の手順じゃが、このようにテーブルにパンをたくさん並べて、全部にバターを塗るんじゃ」

調理用のテーブルの上にたくさんのパンを並べました。そして、端から次々にバターを塗っていきます。

博士ネズミ：「次に、並(なら)べてあるパンのうち半分の枚数(まいすう)のパンに、具のハムをのせるんじゃ」

博士ネズミ：「そしてハムをのせたパンに、ハムをのせていないパンを重ねていくんじゃ。最後に、サンドイッチをすべて重ねて、パンの耳をまとめて切ったら、お皿に盛(も)り付けるという手順じゃ」

博士ネズミはこうして完成させた大量のハムサンドを、まとめてお皿にのせました。

マー太：「なるほど……ラン子のサンドイッチの作り方の手順と違(ちが)って、博士の手順は、一度にいくつも作るやり方なんですね」

マー太は博士ネズミが作ったサンドイッチをパクリと口に入れます。ラン子とチビ助も食べてみますが、同じレシピのため味や形はラン子の作るサンドイッチとまったく同じです。

ラン子：「結果は同じでも、いろいろなやり方があるってことね」

博士ネズミ：「このように作業の手順を考えたやり方のことを『アルゴリズム』と呼ぶんじゃ」

チビ助：「だったら、このサンドイッチは、博士のアルゴリズムで作ったサンドイッチになるんだね」
マー太：「何かの作業をする前には、必ずやり方を考えるからね。作業を効率的に行うためには、その状況に合ったアルゴリズムを考えることが、とても重要なんですね」
ラン子：「ところで、私のやり方と、博士のやり方では、どっちがいいのかな？」

ラン子が疑問を口にします。

博士ネズミ：「気になるなら、ラン子君のやり方と私のやり方の良い点と悪い点について、マー太君とチビ助君に言ってもらおうじゃないか」

チビ助：「バターナイフや包丁などの道具を、いちいち持ち替えなくていいから、博士のやり方の方が楽な気がする」

マー太：「確かに博士のやり方は効率的だけど、パンを並べるための広い場所が必要だよね。ラン子のやり方は、場所が狭くても作れるから場所は選ばない」

チビ助：「博士のは、たくさん並べて、一度に作る作戦だもんね」

マー太：「それにラン子のやり方は、ひとつの作業が長くないから、飽きっぽいチビ助には向いているんじゃないか？」

チビ助：「確かに、何枚も続けてパンにバターを塗るのって飽きそうだね……それにラン子姉ちゃんのやり方は、手伝うときに、僕もマー太兄ちゃんもラン子姉ちゃんの真似をして作ればいいからわかりやすいよね」

マー太：「みんなで作るときには、博士のやり方だと分担しにくいけど、一人でたくさんのサンドイッチを作るときは、早いと思うな」

いろいろな意見が、次から次へと出てきました。

博士ネズミ：「もう、気がついたと思うが、

状況によって、より良いアルゴリズムは変わってくるんじゃよ」

ラン子：「そのときどきや状況で、一番いいやり方が違うのは、当たり前といったら当たり前よね」

マー太：「先ほど書いたメモもアルゴリズムで、僕たちはおそうじロボットに適したお掃除のアルゴリズムを考えていたってことですか？」

博士ネズミ：「そういうことじゃ。何かをするときは、最初にやり方を考えることが大切なんじゃ。

やり方を工夫して、より良いやり方を見つけること、すなわちより良いアルゴリズムを見つけることが、より良いプログラムを作るための第一歩になるんじゃ」

マー太：「プログラムを作る上でアルゴリズムを考えることが、とても重要なことだと理解できました」

博士ネズミ：「ところでサンドイッチを食べていて、他に気がついたことはないかね？」

チビ助：「誰(だれ)が作っても、サンドイッチはおいしい！」

博士ネズミ：「それも正解じゃな。だったらチビ助君、そのサンドイッチを落としたらどうなるかね？」

チビ助：「パンと具がバラバラになっちゃうよ」

博士ネズミ：「そう！サンドイッチは、まだまだバラバラに分解できるんじゃよ」

ラン子：「パンにチーズやハムをはさんだのがサンドイッチなんだから、落としたらバラバラになるのは当たり前じゃない？」

マー太：「博士ネズミは、メモの内容も、もっと分解できると言いたいんだよ」

博士ネズミ：「最初は、おそうじロボットに適したお掃除のアルゴリズムを考えたわけじゃ。そして次に、そのアルゴリズムの一つひとつの手順をメモに書いていったところまで終わったわけじゃ」
ラン子：「10枚のメモの手順にまで分解したってことね」
チビ助：「アルゴリズムを分解するのも、けっこう大変だったよね？」
ラン子：「そのメモの内容を、もっと分解するって、いったいどこまで分解すればいいのかしら？」

ラン子もチビ助も信じられないという顔をしています。

マー太：「チビ助。おもちゃの車をまっすぐ進ませたいとき、リモコンをどうやって操作したっけ？」

チビ助：「『右の車輪』の『前に回転』のボタンと『左の車輪』の『前に回転』のボタンを同時に押したよ」

チビ助の答えを聞いて、「そういうことね！」と、ラン子も気づいたようです。自分だけが置いてけぼりみたいになり、「え？なに？」とチビ助は、救いを求める目をマー太に向けます。

マー太：「リモコンで操作(そうさ)できるところまで分解すればいいんだよ」

マー太は机(つくえ)の上のメモを手に取り、チビ助に向かって突(つ)き出しました。そこには、『まっすぐ進む』と書かれています。

マー太：「まっすぐ進むなんてボタンは、車のリモコンには無いだろ」

マー太お得意の謎解(なぞと)きが始まりました。

4. ロボット的な考え方

博士ネズミ：「先ほどのメモを、よりおそうじロボットの動きに適した表現に変えてみようじゃないか！」

『まっすぐ進む』と書かれたメモをネズミ探偵団の前に置きます。しかし博士ネズミの言う『おそうじロボットの動きに適した表現』が何なのか自信のないラン子とチビ助は、マー太の後ろに隠れてしまいました。そこで仕方なく、リーダーのマー太が一歩前に出ました。

マー太：「簡単に言うと、『まっすぐ進む』ときのリモコンの操作方法をメモに書くってことなんだよ」

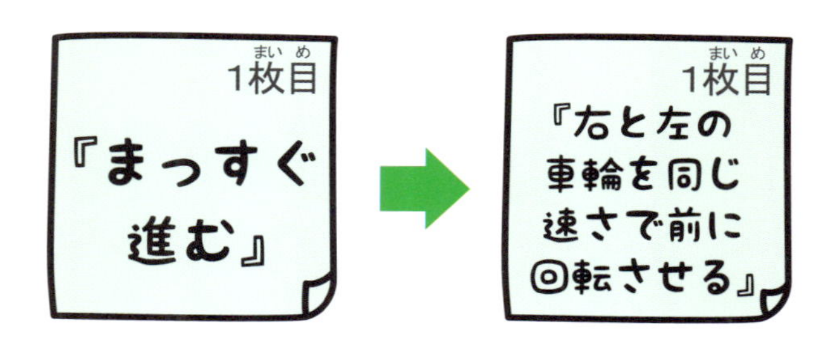

と、先ほどの『まっすぐ進む』のメモを、『右と左の車輪を同じ速さで前に回転させる』に書き直します。

博士ネズミ：「マー太君、これだと“同じ速さ”がどれくらいのスピードなのか、わからないと思うがどうかね？」
ラン子：「じゃあ、“少しだけ”を“５センチ”に書き直したように、“同じ速さ”を具体的な速さに書き直してあげればいいのね」

ラン子はメモを『右と左の車輪を１秒間に１回転する速さで前に回転させる』に書き直しました。

博士ネズミ：「これで正しく動くようになったようじゃな。しかしラン子君の書いたメモを、プログラム的な考えを使って書き直すと、もっと便利な言い方に変わるんじゃ」

博士ネズミの言葉に、「便利な言い方？」と、ネズミ探偵団は目を輝かせます。

博士ネズミ：「プログラムの世界では、このようなときは『変数』を使うのじゃ」

博士ネズミがまたまた耳慣れない言葉を使ったので、三匹は顔を見合わせてしまいました。

チビ助：「じゃあ、変数を使うとどうなるの？」
博士ネズミ：「それでは、ラン子君が書き直したメモを変数を使って書いてみることにしようじゃないか」

1枚目

『"速さA"は、車輪が1秒間に1回転する速さ』

『右と左の車輪を"速さA"で前に回転させる』

この博士ネズミのメモを見て、ネズミ探偵団はますますわからなくなってしまいました。

チビ助：「なんだか長くなっちゃったけど、これのどこが便利なの？」

チビ助の質問には答えず、博士ネズミは黒板になにやら描き始めました。

博士ネズミ：「ところで、昨日のチビ助君のお弁当はなんじゃったかね？」
チビ助：「昨日のお弁当は、僕の大好きなからあげだよ」
博士ネズミ：「それはおいしそうだね。では一昨日のお弁当も教えてくれないかね？」
チビ助：「とんかつ弁当だよ」
博士ネズミ：「チビ助君はお肉が大好きなんじゃな」

と言うと、博士ネズミは昨日のチビ助の日記を黒板に描きあげました。

きのうの日記

7時

ランドセルに
からあげ弁当を入れる

7時30分

からあげ弁当を持って
学校に行く

8時

からあげ弁当を
ロッカーに入れる

12時

からあげ弁当を
食べる

きのうの日記（変数編）← すごく似ているけれども少し違う

7時

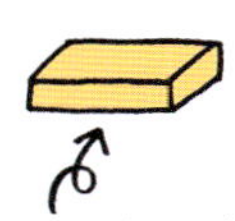

お弁当箱の中身は
からあげ弁当

ランドセルに
お弁当箱を入れる

7時30分

お弁当箱を持って
学校に行く

8時

お弁当箱を
ロッカーに入れる

12時

お弁当箱の
中身を食べる

チビ助：「博士、この絵、ちょっとひどくない？僕（ぼく）はお弁当だけを食べに学校に行ってるわけじゃないよ！」

博士ネズミ：「ゴメン、ゴメン、これは悪かった」

ラン子：「博士、あやまる必要なんてないわよ。本当にチビ助はお弁当を食べにだけ学校に行っているようなものなんだから」

博士ネズミ：「ところでラン子君。この日記を一昨日のお弁当のとんかつ弁当に書き直してほしいのじゃが、お願いできるかね？」

ラン子：「“からあげ”を“とんかつ”に変えるのね。そんなのカンタン！」

すらすらと黒板の文字を書き直していきます。

博士ネズミ：「ラン子君、実際にやってみて、どうだったかね？」

ラン子：「上は、全部で４か所も“とんかつ弁当”に書き直したけど、変数編の方は１か所だけ書き直せばよかったからすごく楽だったわ」

博士ネズミ：「黒板の例では、“お弁当箱”が、変数の役目をしているのじゃ」

変数について博士ネズミが解説をはじめました。

ラン子：「変数を使うと、一か所だけ変更するだけで済むんですね」

マー太：「変数を使うと、後から変更するのが楽だから便利ってことですか？」

博士ネズミ：「マー太君の言うとおりじゃ。たとえば今回のような“走らせたい速さ”のように、プログラムを完成させて実際に動かしてみたら、スピードが速かったとか、遅かったとかで、後から変更する可能性が高い数字は、

変更する部分が少なければ少ないほど、書きかえるときのミスも少なくなるんじゃ」

博士ネズミは新しく一枚メモを追加すると、他のメモも変数を使った内容に書き直しました。一枚増えたので、机の上のメモは全部で 11 枚になりました。３枚目以降のメモは、これからロボットの動きに適した表現に、ネズミ探偵団が変えていくことになります。

1枚目
『速さを表す変数Aを、1秒間に1回転のスピードとする』
『速さを表す変数Bを、2秒で90度回る方向転換のスピードとする』

2枚目
『右と左の車輪を速さAで前に回転させる』

3枚目
『壁に当たったら止まる』

4枚目
『速さBで右を向く』

5枚目
『速さAで5センチまっすぐ進む』

6枚目
『速さBで右を向く』

7枚目
『右と左の車輪を速さAで前に回転させる』

8枚目
『壁に当たったら止まる』

9枚目
『速さBで左を向く』

10枚目
『速さAで5センチまっすぐ進む』

11枚目
『速さBで左を向く』

マー太：「おそうじロボットの走る速さは、1枚目のメモだけで設定したり、変更したりすればいいんだ！」

博士ネズミが書き直したメモを見て、マー太は変数のすごさに感心しました。

博士ネズミ：「ネズミ探偵団もメモの多さに驚いたと思うが、プログラムは小さな指示の集まりなんじゃ。そのため、ちょっとした動きをプログラミングするだけでも長くなってしまう。だからこそ、変数を使ってプログラムのミスを少なくする工夫が必要なんじゃよ」

チビ助：「ところで博士、どうして1枚目のメモに、“変数Ａ”と“変数Ｂ”が別々にあるの？」

博士ネズミ：「よく気が付いたね！これは、“変数Ａ”が『前進の速さ』で、“変数Ｂ”が『その場で回るときの速さ』なんじゃ。車でもまっすぐ走るときの速さと、回るときで速さが違うように、車の速さを別々にする必要があるんじゃ」

チビ助にもわかりやすいように、博士ネズミは1枚目のメモについて説明しました。

チビ助：「確かに直進とその場で回るときの走る速さが違うのは当たり前だよね」

チビ助も納得した様子です。

次に、『壁に当たったら止まる』のメモを書き直します。

博士ネズミ：「壁に当たったか、当たっていないかを、コンピュータはどうやって知ることができるんじゃったかな？」

チビ助：「センサーでしょ！」

さすがネズミ探偵団の一員です。教わったことは、しっかり覚えています。

博士ネズミ：「正解じゃ！おそうじロボットには、壁に当たったことを判断するために、接触スイッチというセンサーが付いているのじゃ。そして、

壁に当たると、接触スイッチから、コンピュータに情報が届く仕組みなのじゃ」

マー太：「博士、いまの説明で『壁に当たったら止まる』の“おそうじロボットの動作に適した表現”がわかりましたよ」

マー太は胸を張って、メモを書き直しました。

3枚目
『もし接触スイッチから当たった情報が届いたら、右と左の車輪の回転を止める』

博士ネズミ：「正解じゃ！しかしこのメモも、2枚目のメモの『右と左の車輪を“速さA”で前に回転させる』もそうじゃが、実はもっと、もっと分解できるのじゃよ！チビ助君はわかるかね？」
チビ助：「もっと分解できるの！？マー太兄ちゃん、わかる？」

助けを求められたマー太は、考え込みました。

マー太：「もしかしたら、右と左で別々にするってことなのかな……」
博士ネズミ：「さすがマー太君。それでは、2枚目のメモの『右と左の車輪を“速さA”で前に回転させる』の部分を、右と左の車輪で、別々に指示を出すように書き直してくれないかね」

博士ネズミに言われて、マー太はメモを書き直しました。

2枚目

『右の車輪を“速さA”で
前に回転させる』

『左の車輪を“速さA”で
前に回転させる』

博士ネズミ：「対向２輪駆動の右と左の車輪は、別々のモータで動かすから、指示も別々に分けるんじゃ」

ラン子：「じゃあ、３枚目のメモの『壁に当たったら止まる』は、接触スイッチと車輪で指示を分けるってことですね！」

博士ネズミ：「その通りじゃ。ではラン子君。３枚目のメモの『もし接触スイッチから当たった情報が届いたら、右と左の車輪の回転を止める』を、もう一度書き直してくれないか？」

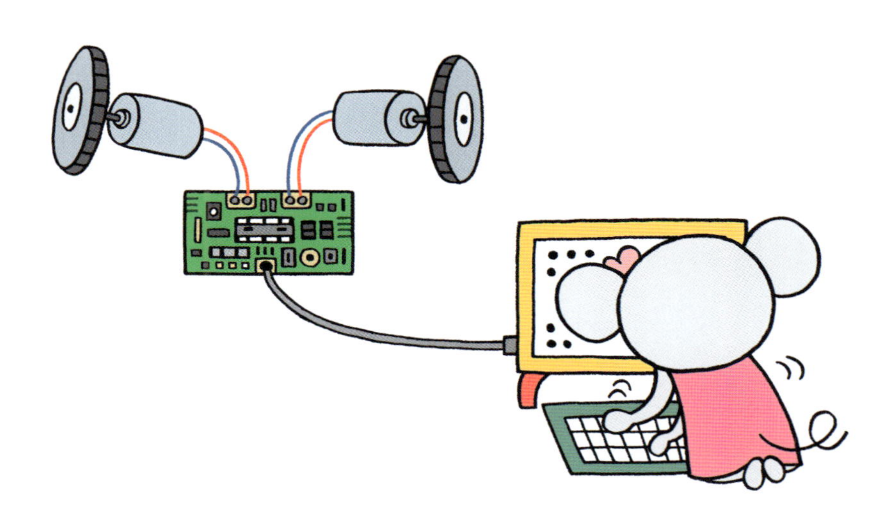

ラン子は、張り切ってメモを書き直し始めましたが、

『右の車輪の回転を止める』
『左の車輪の回転を止める』

と書いたところで、手が止まってしまいました。

博士ネズミ：「ラン子君、どうしたのかね？」
ラン子：「『もし接触スイッチから当たった情報が届いたら』の部分が、上手に分解できない気がするんです……」
チビ助：「ラン子姉ちゃん、そんなの簡単だよ！これでいいんだよ！」

3枚目
『接触スイッチから
当たった情報が届く』
『右の車輪の回転を止める』
『左の車輪の回転を止める』

チビ助はラン子から鉛筆を奪うとメモを書き直しましたが、なぜかラン子は納得していない様子です。

博士ネズミ：「ラン子君、何か言いたそうだね？」
ラン子：「この書き方だと、『接触スイッチから壁に当たった情報が届かなかったら、おそうじロボットは走り続ける』という内容が消えてしまった気がするんです！」

チビ助：「言われてみると、たしかに違うような気がする……」

博士ネズミ：「君たち、よく気が付いたね！

そういうときのために、プログラムには
『分岐』という考え方があるんじゃ」

『分岐』という新しい考えについて、博士ネズミが説明をはじめました。

博士ネズミ：「『分岐』とは、選択肢があるときに使う考え方で、枝わかれした選択肢の一方を選んだときの指示と、もう一方を選んだときの指示を別々に設定するための考え方なのじゃ」
マー太：「今回の場合は、接触スイッチから当たった情報が“届く”か“届かない”かで分かれるってことですね」
博士ネズミ：「そのとおり。メモにすると、こうなるんじゃ」

博士ネズミは自らメモを書き直しました。

3枚目
『接触スイッチから当たった
情報が届くまではそのまま、
届いたら次の動作をする』
『右の車輪の回転を止める』
『左の車輪の回転を止める』

ラン子：「当たった情報が届かなかったらそのままだからまっすぐ走り続け、届いたら左右の車輪が止まるってことが、『分岐』の考え方を使って書くと伝わるのね」

博士ネズミ：「それでは引き続き、４枚目と５枚目のメモを新しく書き直していくことにしようじゃないか」

『右を向く』のメモは、

4枚目

『右の車輪を“速さB”で後ろに回転させる』

『左の車輪を“速さB”で前に回転させる』

『車輪が“回転C”だけ進むまではそのまま、
“回転C”だけ進んだら次の動作をする』

『右の車輪の回転を止める』

『左の車輪の回転を止める』

『5センチまっすぐ進む』のメモは、

5枚目
『右の車輪を"速さA"で前に回転させる』
『左の車輪を"速さA"で前に回転させる』
『車輪が"回転D"だけ進むまではそのまま、
"回転D"だけ進んだら次の動作をする』
『右の車輪の回転を止める』
『左の車輪の回転を止める』

になりました。

この二枚のメモには、新しく"回転C"と"回転D"という変数が使われています。
おそうじロボットが『正確に右を向く』ためには、車輪の外周の長さから計算して回転数を決めなければならないため、ここでは仮に"回転C"という変数を使っています。

実際には、計算した数値(例えば1回転など)が、変数である"回転C"に入ることになります。

変数はこういうときにも便利なんだと、ネズミ探偵団は変数のすごさを改めて実感することができました。

５センチ進むときに必要な車輪の回転数も、“回転Ｄ”という変数（へんすう）に置きかえることで、あとから実際の回転数に合わせて調整できるのです。

博士ネズミ：「このように変数（へんすう）を使うと、“回転Ｄ”なら、『“回転Ｄ”は０．５回転です』と

後から変数（へんすう）に数値（すうち）をあてはめるだけで、プログラムの動作を調整できるのじゃ。

この例からも、プログラミングにとって、変数（へんすう）を使用することはなくてはならない考え方だということが理解できたはずじゃ」

さらに、『左を向く』も『右を向く』と同じ考えで、おそうじロボットの動作に適した表現に変えることができます。

８枚目（まいめ）

『右の車輪を“速さB”で前に回転させる』
『左の車輪を“速さB”で後ろに回転させる』
『車輪が“回転C”だけ進むまではそのまま、
“回転C”だけ進んだら次の動作をする』
『右の車輪の回転を止める』
『左の車輪の回転を止める』

博士ネズミ：「まずは、全部を並（なら）べてみようじゃないか」

博士ネズミの提案で、いままでのメモをすべて机（つくえ）の上に並（なら）べてみることにしました。

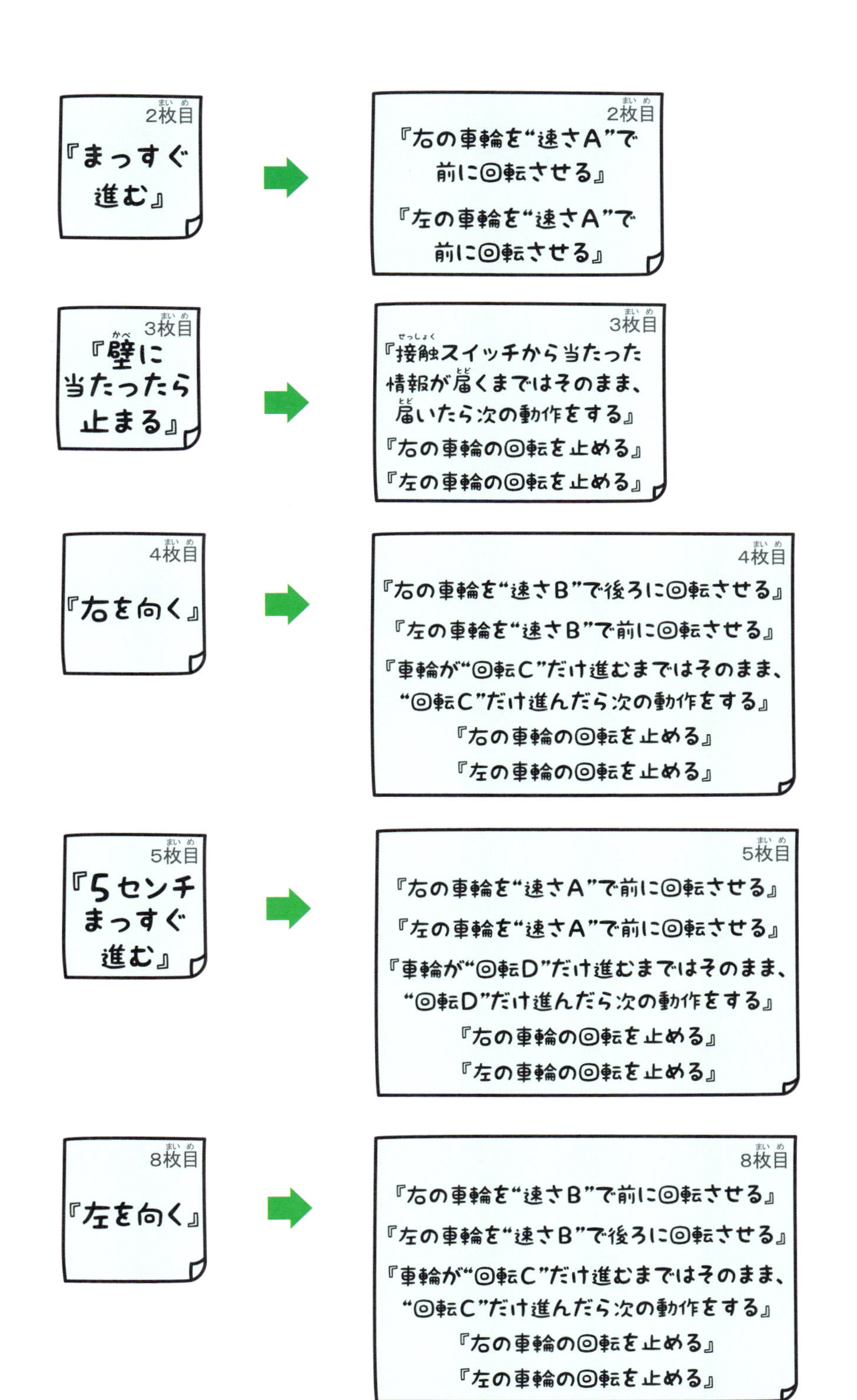
2枚目
『まっすぐ進む』
2枚目
『右の車輪を"速さA"で前に回転させる』
『左の車輪を"速さA"で前に回転させる』
3枚目
『壁に当たったら止まる』
3枚目
『接触スイッチから当たった情報が届くまではそのまま、届いたら次の動作をする』
『右の車輪の回転を止める』
『左の車輪の回転を止める』
4枚目
『右を向く』
4枚目
『右の車輪を"速さB"で後ろに回転させる』
『左の車輪を"速さB"で前に回転させる』
『車輪が"回転C"だけ進むまではそのまま、"回転C"だけ進んだら次の動作をする』
『右の車輪の回転を止める』
『左の車輪の回転を止める』
5枚目
『5センチまっすぐ進む』
5枚目
『右の車輪を"速さA"で前に回転させる』
『左の車輪を"速さA"で前に回転させる』
『車輪が"回転D"だけ進むまではそのまま、"回転D"だけ進んだら次の動作をする』
『右の車輪の回転を止める』
『左の車輪の回転を止める』
8枚目
『左を向く』
8枚目
『右の車輪を"速さB"で前に回転させる』
『左の車輪を"速さB"で後ろに回転させる』
『車輪が"回転C"だけ進むまではそのまま、"回転C"だけ進んだら次の動作をする』
『右の車輪の回転を止める』
『左の車輪の回転を止める』

5. プログラムをより簡単に

チビ助:「『右を向く』とか『まっすぐ進む』とか『壁に当たったら止まる』とか一度書き直したメモが、何回も登場するよね……同じ内容のメモを何度も書き直すのってめんどうじゃない？」

博士ネズミ：「そんなめんどくさがり屋のチビ助君には、

プログラミングの次なる便利な機能として『関数』の考え方

を伝授しようじゃないか」

またまた新しい言葉が出てきました。

チビ助：「アルゴリズムに、変数に、関数……いろいろ出てきて頭がごちゃごちゃになりそうだよ」

博士ネズミ：「ずいぶんと弱気じゃないか……関数を簡単に言うと、

これまでは動作を分解した手順のメモを、最初から順番に並べてきたが、関数は手順の一部を取り出して別のところに並べて“手順の名前”をつけたものなんじゃ」

さすがにこの説明だけでは、ネズミ探偵団でも何のことだか見当もつきません。

ラン子：「メモに書いた手順の一部を取り出しちゃうって、必要になったときはどうするの？」
博士ネズミ：「そのときは、必要になった手順を書く代わりに、

『"手順の名前"のとおりに実行』とだけメモに書けばいいんじゃ」

博士ネズミとしてはわかりやすく説明したつもりでしたが、「『“手順の名前”のとおりに実行』ってなに？」と、ネズミ探偵団はチンプンカンプンといった様子です。

博士ネズミ：「しかたない。難しいようなので、今度もサンドイッチを例に説明しようじゃないか」

と言うと、博士ネズミはお皿に一つだけ残っていたサンドイッチをパクリと食べてしまいました。

博士ネズミ：「サンドイッチを１個ずつ作りながらお皿に盛り付けるというラン子君のやり方で、ハムサンド → トマトサンド → トマトサンド → たまごサンドの順にお皿に並べる場合の手順を黒板に描いてみようじゃないか」

博士ネズミはチョークを手に持つと、黒板に向かいました。

【サンドイッチの盛り合わせの作り方】

パンに
バターを塗る

ハムをのせる

バターを塗った
パンをかぶせる

耳を切り
落とす

お皿に
盛り付ける

パンに
バターを塗る

トマトをのせる

バターを塗った
パンをかぶせる

耳を切り
落とす

お皿に
盛り付ける

パンに
バターを塗る

トマトをのせる

バターを塗った
パンをかぶせる

耳を切り
落とす

お皿に
盛り付ける

パンに
バターを塗る

たまごをのせる

バターを塗った
パンをかぶせる

耳を切り
落とす

お皿に
盛り付ける

博士ネズミ：「チビ助君、サンドイッチの盛り合わせが完成するまで、この続きをお願いしてもいいかね？」

博士ネズミはチョークをチビ助に差し出しますが、チビ助は両手を後ろに隠して受け取ろうとしません。

チビ助：「博士、お皿の上にサンドイッチがいくつあったと思っているの？この黒板では狭くて描ききれないよ」
マー太：「具がすべて同じなら、『サンドイッチがお皿いっぱいになるまで繰り返す』で解決するんだけどな……」
ラン子：「それなら、

それぞれのサンドイッチを作る手順をひとまとめにして、一つひとつに名前を付けておけばいいんじゃない？

あとは、『“ハムサンドの作り方の手順”で作ったサンドイッチをお皿に盛り付ける』というように、お皿に並べる順番だけを書くの」

博士ネズミからチョークを受け取ると、ラン子は黒板に描きはじめました。

【ハムサンドの作り方の手順】

パンに
バターを塗る

ハムをのせる

バターを塗った
パンをかぶせる

耳を切り
落とす

【トマトサンドの作り方の手順】

パンに
バターを塗る

トマトをのせる

バターを塗った
パンをかぶせる

耳を切り
落とす

【たまごサンドの作り方の手順】

パンに
バターを塗る

たまごをのせる

バターを塗った
パンをかぶせる

耳を切り
落とす

“ハムサンドの作り方の手順”で作ったサンドイッチをお皿に盛り付ける
“トマトサンドの作り方の手順”で作ったサンドイッチをお皿に盛り付ける
“トマトサンドの作り方の手順”で作ったサンドイッチをお皿に盛り付ける
“たまごサンドの作り方の手順”で作ったサンドイッチをお皿に盛り付ける

ラン子：「あとは、お皿に盛り付けられているサンドイッチの順番に合わせて、盛り付ける順番だけを書くというやり方」

チビ助：「ラン子姉ちゃん、スゴイよ！確かにこっちの方がスッキリするし、この書き方なら黒板に全部を描けるかもしれないね」

博士ネズミ：「これが関数の考え方なんじゃ」

博士ネズミは、自力で関数の考え方にたどり着いたラン子に感心しています。

博士ネズミ：「チビ助君から黒板に描ききれないと断られた書き方が、おそうじロボットの掃除の動作を最初から順番に並べて書いてきたメモの書き方と同じなんじゃ」

チビ助：「同じ動作でも、何度もメモに書かなければならない書き方だったから、途中でめんどくさくなっちゃったんだ……」

マー太：「手順の一部を取り出し、別のところに並べて“手順の名前”をつけるという博士の説明は、一個のサンドイッチの作り方の手順をひとまとめにして名前を付けるというやり方だったんですね」

博士ネズミ：「そのとおり。関数の“手順の名前”とは、ラン子君が描いた『ハムサンドの作り方の手順』のことなんじゃ」

ラン子：「おそうじロボットの動きやサンドイッチの盛り合わせの作り方のように、

同じ動作が何回も登場するときには、いちいち手順を書かなくても『“手順の名前”を実行する』とだけ書けばいいから、

関数ってとっても便利よね」

博士ネズミ：「関数にはこのようにプログラムが短くなるだけでなく、他にも便利な点があるのじゃが、わかるかね？」
マー太：「関数のやり方だと、ハムサンドにレタスを入れる場合なら、【ハムサンドの作り方の手順】に『レタスをのせる』の手順を一か所追加するだけの変更で済みますよね」

マー太は黒板を描き直しました。

【ハムサンドの作り方の手順】

パンに
バターを塗る
ハムをのせる
レタスをのせる
バターを塗った
パンをかぶせる
耳を切り
落とす

博士ネズミ：「そのとおり。関数の考え方を使えば、手順の中身を変更するだけで、プログラム全体の動作を一度に変更できるんじゃ」

チビ助：「これでもまだ多いよね……もっと簡単になれば楽なのに」

黒板を見ながら、チビ助がポツリとつぶやきます。ラン子やマー太も一緒になって黒板を見つめます。

ラン子：「あれ？サンドイッチを作る手順って、ハムサンドもたまごサンドもほとんど同じじゃない？具だけが違うだけかも！」
マー太：「だったら変数を使って、ひとつにまとめることができるんじゃないかな？」

マー太は、すべてのサンドイッチに使える作り方を黒板に描きました。

【サンドイッチの作り方の手順】

パンに
バターを塗る

具をのせる

バターを塗った
パンをかぶせる

耳を切り
落とす

マー太：「具の部分をハムとかトマトとかではなく、“具”という変数にして、

『ハムサンドの作り方の手順』や『トマトサンドの作り方の手順』ではなく、『サンドイッチの作り方の手順』にしてしまえば、すべての作り方の手順を一つにまとめることができるんだ！」

ラン子：「あとは、『具はチーズで、サンドイッチを作る手順を実行』、『具はたまごで、サンドイッチを作る手順を実行』というように、その都度“具”を指定してあげて、順番にお皿に盛り付けていけばいいわけね」

博士ネズミ：「関数も変数も完璧に理解できたようじゃな。では、おそうじロボットのプログラムも同じように関数を使って書き直してみようじゃないか」

博士ネズミの提案に、「そんなの簡単だよ！」と、ネズミ探偵団はメモを書き直すと机に並べていきました。

1枚目
『速さを表す変数Aを、1秒間に1回転のスピードとする』
『速さを表す変数Bを、2秒で90度回る方向転換のスピードとする』
『回転数を表す変数Cを、1回転とする』
『回転数を表す変数Dを、半回転とする』

2枚目
『まっすぐ進む』の関数を実行

3枚目
『壁に当たったら止まる』の関数を実行

4枚目
『右を向く』の関数を実行

5枚目
『5センチまっすぐ進む』の関数を実行

6枚目
『右を向く』の関数を実行

7枚目
『まっすぐ進む』の関数を実行

8枚目
『壁に当たったら止まる』の関数を実行

9枚目
『左を向く』の関数を実行

10枚目
『5センチまっすぐ進む』の関数を実行

11枚目
『左を向く』の関数を実行

『まっすぐ進む』の関数

『右の車輪を“速さA”で前に回転させる』
『左の車輪を“速さA”で前に回転させる』

『壁に当たったら止まる』の関数

『接触スイッチから当たった情報が届くまではそのまま、届いたら次の動作をする』
『右の車輪の回転を止める』
『左の車輪の回転を止める』

『右を向く』の関数

『右の車輪を“速さB”で後ろに回転させる』
『左の車輪を“速さB”で前に回転させる』
『車輪が“回転C”だけ進むまではそのまま、“回転C”だけ進んだら次の動作をする』
『右の車輪の回転を止める』
『左の車輪の回転を止める』

『左を向く』の関数

『右の車輪を“速さB”で前に回転させる』
『左の車輪を“速さB”で後ろに回転させる』
『車輪が“回転C”だけ進むまではそのまま、“回転C”だけ進んだら次の動作をする』
『右の車輪の回転を止める』
『左の車輪の回転を止める』

『5センチまっすぐ進む』の関数

『右の車輪を“速さA”で前に回転させる』
『左の車輪を“速さA”で前に回転させる』
『車輪が“回転D”だけ進むまではそのまま、“回転D”だけ進んだら次の動作をする』
『右の車輪の回転を止める』
『左の車輪の回転を止める』

「できたー！！」と、すべてのメモを関数を使って書き終えて喜んでいるラン子とチビ助に対し、マー太はなぜか浮かない顔をしています。

チビ助：「マー太兄ちゃん、どうしたの？」
マー太：「『５センチまっすぐ進む』、『右を向く』、『左を向く』の関数の手順って、似ていると思わないか？」

マー太があまりにも机の上のメモを真剣に見ているので、博士ネズミはその三枚だけを抜き取ると並べ直しました。

『５センチまっすぐ進む』の関数

『右の車輪を“速さA”で前に回転させる』
『左の車輪を“速さA”で前に回転させる』
『車輪が“回転D”だけ進むまではそのまま、
“回転D”だけ進んだら次の動作をする』
『右の車輪の回転を止める』
『左の車輪の回転を止める』

『右を向く』の関数

『右の車輪を“速さB”で後ろに回転させる』
『左の車輪を“速さB”で前に回転させる』
『車輪が“回転C”だけ進むまではそのまま、
“回転C”だけ進んだら次の動作をする』
『右の車輪の回転を止める』
『左の車輪の回転を止める』

『左を向く』の関数

『右の車輪を“速さB”で前に回転させる』
『左の車輪を“速さB”で後ろに回転させる』
『車輪が“回転C”だけ進むまではそのまま、
“回転C”だけ進んだら次の動作をする』
『右の車輪の回転を止める』
『左の車輪の回転を止める』

マー太：「【サンドイッチの作り方の手順】のように、具の中身が違うだけのような気がするんだよな……」

違う部分だけを赤色の文字で書きかえていきます。

ラン子：「いまは一枚目のメモだけで、各変数に対して速度や回転数を指定していたけど、サンドイッチの具を指定したときのように、

関数を実行するそれぞれのメモで、変数を指定すればいいってことかな」

チビ助：「でも回転する方向には、後ろと前があるよ」

博士ネズミ：「それなら、マイナスという考えを使えばいいんじゃよ。

マイナスを使うと、『“速さＢ”で前に回転させる』は、『“速さＢ”で回転させる』になり、『“速さＢ”で後ろに回転させる』は、『“速さ（－Ｂ）”で回転させる』になるんじゃ」。
マー太：「マイナスを使えば、この三枚のメモも一枚のメモにすることができるってことですね」

博士ネズミ：「『右の車輪の回転を止める』を速度で表すと、『右の車輪の速さをゼロにする』になるんじゃ。左のときも同じじゃな」

内容が難しくなり、チビ助は付いていくのがやっとといった様子です。

博士ネズミ：「プログラムの一部を関数化するということは、共通の手順を見つけて、その手順を関数として書くことなんじゃ」

と、関数の極意をネズミ探偵団に伝授しました。

マー太：「一往復分が終わったから、あとは２枚目のメモから11枚目のメモまでの動きを繰り返せば完成ですね」

ラン子：「黒板を見てもわかるように、同じパターンの繰り返しよね」

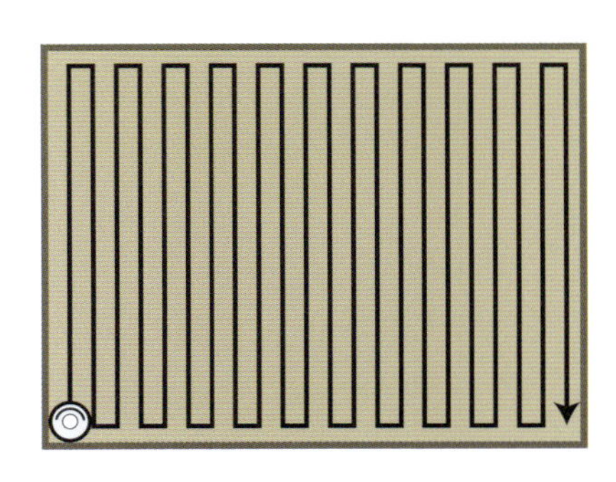

確かにラン子が言ったとおり、おそうじロボットの動きは、同じパターンの繰り返しです。

博士ネズミ：「そのとおりじゃ。問題を解決するときには、

今回のようにパターンを見つけることが近道であり、効果的なんじゃ」

チビ助：「パターンを見つけてしまえば、まとめたり、繰り返したりできるものね」
博士ネズミ：「すごいぞ、チビ助君。繰り返しのことをプログラム的には“ループ”と言うんじゃ。ただし、単純に繰り返してしまうと終わりの無い“無限ループ”になってしまうから、使うときには注意が必要なんじゃ」

ラン子：「お掃除のときにチビ助に渡した『ゴミがなくなるまで繰り返す』の手紙のときみたいに、

繰り返しを止めるための条件

を付けるということね！」

ラン子は、無限ループの手紙を書いて、チビ助に断られたときのことを思い出したようです。

博士ネズミ：「そのとおりじゃ。プログラムでは、ループを止めるための条件が重要なんじゃ。それでは、おそうじロボットの『繰り返しを止めるための条件』をみんなで考えてみようじゃないか」

ラン子：「まかせといて！」

博士ネズミ：「期待しているよ。ただし、『ゴミがなくなるまで』という指示が、おそうじロボットの動作に適した表現でないことは、すでに理解しているはずなので心配はしていないがね」

こういうときは実際にやってみるのが一番です。

ラン子：「チビ助、今度はおそうじロボットの気持ちになって動いてみてくれない？」

チビ助：「また僕なの？イヤだよ！ラン子姉ちゃんがやればいいじゃない」

結局、みんなで雑巾がけをするように部屋の端から端まで、メモの通りに平行に移動しながら歩いてみることにしました。

最初はマー太です。

マー太：「まっすぐからスタートして……壁に当たったら止まって右を向く。次は５センチ進んで……それから……」

このように繰り返し動いて、最後は『右』を向いた直後に壁に当たって止まりました。
次はラン子です。ラン子もマー太と同じようにメモのとおりに動きました。最後は『右』を向いてから少し前に進み、壁に当たって止まりました。
最後はチビ助です。チビ助も同じようにメモのとおりに動きます。

チビ助：「最初はまっすぐ……壁に当たったら止まって右を向く。５センチ進んで……それから……」

しかしマー太やラン子と違って、チビ助が壁にぶつかって止まったのは、なぜか『左』を向いた後でした。

チビ助：「どうして僕だけ違うの？みんなと同じようにメモのとおりに動いたのに？」
博士ネズミ：「なんだか面白い結果になったね……マー太君、原因は何だかわかるかね？」

マー太：「５センチ移動する手順で、正確に測って動いていなかったので、みんなの結果が違(ちが)ってしまったんですよね？」

あっさり答えたわりには、浮(う)かない顔をしています。

チビ助：「だったら、正しく５センチずつ動いたら、必ずどちらかの結果になるんじゃない！？」
ラン子：「チビ助、船室によって、部屋の大きさは違(ちが)うのよ。

正しく５センチずつ移動しても、部屋の大きさでお掃除(そうじ)の終わり方は変わってしまうわ」

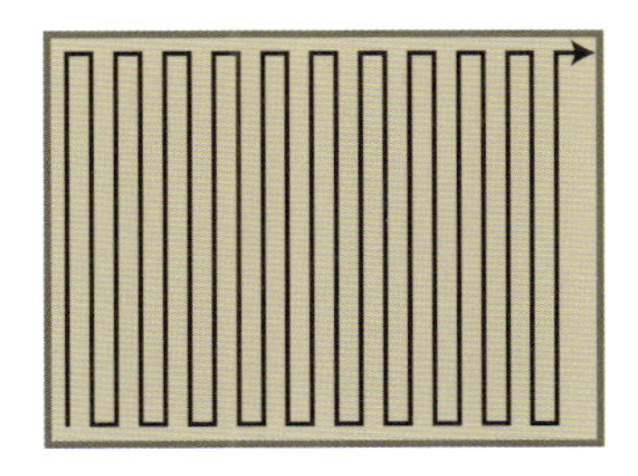
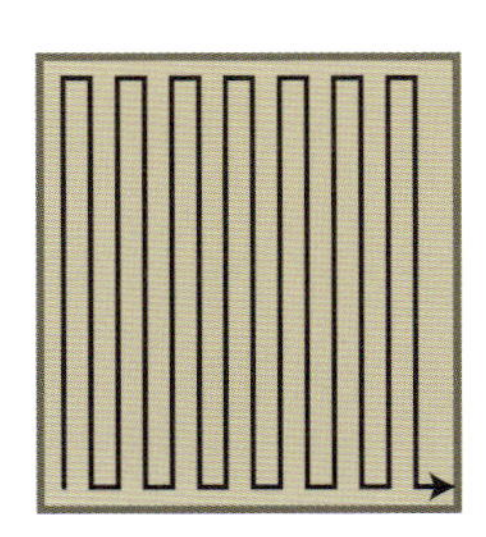

マー太：「『右向け右』の後とか、『左向け左』の後とか関係なしに、５センチ進んでいるときに壁(かべ)に当たったらお掃除(そうじ)を終わりにすればいいんだろうけど……いまだって“回転D”だけ進んだら動作を止めるという指示が書かれているんだよね……二つも書けるのかな……」

さすがのマー太も、どうしたらいいのかわからないみたいです。

05

博士ネズミ：「動作を終わらせるための条件は一つでなくても大丈夫なんじゃ。それぞれの条件ごとに、どうするのか指示を書けばいいんじゃよ」

ラン子：「一つのメモに、『“回転D”だけ進んだら』の条件と、『接触スイッチから当たった情報が届いたら』の二つの条件を書いても大丈夫ってことなのね」

ラン子は『関数のメモ』を書きかえました。

『5センチまっすぐ進む』の関数

『右の車輪を“速さA”で前に回転させる』
『左の車輪を“速さA”で前に回転させる』
『車輪が“回転D”だけ進むのを待ち、
“回転D”だけ進んだら次の動作をする』
『右の車輪の回転を止める』
『左の車輪の回転を止める』

『5センチまっすぐ進む』の関数

『右の車輪を“速さA”で前に回転させる』
『左の車輪を“速さA”で前に回転させる』
『もし、車輪が“回転D”だけ回転したら、
右の車輪の回転を止めて、左の車輪の回転も
止めて、関数を終わりにする』
『もし、接触スイッチから当たった情報が届いたら
おそうじロボットの動作を終わりにする』
『以上の判定を繰り返す』

ラン子：「接触スイッチから情報が届いたら、おそうじロボットは繰り返しを止めてお掃除を終わりにするという内容を追加したの」

わけがわからず目をキョロキョロさせていたチビ助ですが、この説明で理解したようです。

マー太：「博士、これで僕らの考えた、アルゴリズムの動作は、すべて小さな手順のメモに分解できたってことですよね」
博士ネズミ：「ご苦労じゃった。あとはメモの内容をプログラム言語で書きかえてあげればプログラムは完成じゃ！」
チビ助：「はやく動くところが見たいな」
博士ネズミ：「では、おそうじロボットに今回のプログラムを書き込んで、実際に動かしてみようじゃないか」

博士ネズミは、パソコンをいじり始めました。

6. 失敗から学ぶ

おそうじロボットのプログラムが完成してから一週間が過ぎたある日のこと、ネズミ探偵団は再び博士ネズミの研究室に集められました。理由は、船の中が相変わらずゴミだらけのままだったからです。

マー太：「おそうじロボットが動くようになっても、いまだにあちこちにゴミが落ちていると船長にも言われました。僕たちの作ったプログラムは失敗だったみたいですね……」

ネズミ探偵団は、悔しそうに机の上のおそうじロボットを見つめています。

博士ネズミ：「プログラムにバグはつきもじゃ。

気を落とさず、これからみんなで修正しようじゃないか」

ラン子：「ところでバグってなんですか？」
博士ネズミ：「バグとは、プログラムのミスのことで、実際にプログラムを動かしてみたら、考えていたとおりに動かなかったときの原因となる部分のことじゃよ」

博士ネズミ：「そして、バグを発見して修正する作業のことをデバッグと呼ぶんじゃ」

チビ助：「だったらみんなでデバッグして、今度こそ正しく動くようにしようよ！」

マー太：「ところで博士、今回のプログラムは何が問題だったのか、もう調べてあるんですか？」

博士ネズミ：「今回のプログラムじゃが、三つの大きなバグがあったようじゃ」

博士ネズミは黒板に部屋の絵を描き始めました。

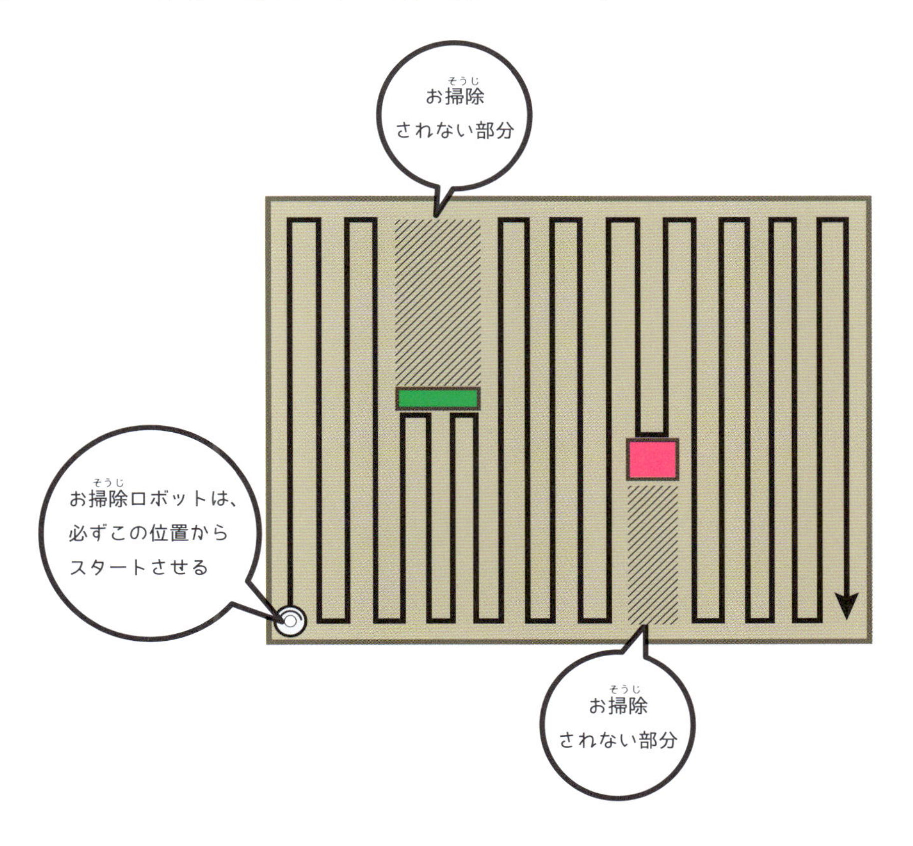

博士ネズミ：「おそうじロボットは必ず左下の位置からスタートするようにプログラムしたのじゃが、雑巾がけをするように動かした場合、部屋の中に物が置かれていると、それにぶつかったときにおそうじロボットはそれを壁だと勘違いしてしまうようなのじゃ」

マー太：「博士の絵だと、緑やピンクのものを壁だと勘違いして、その後ろの部分がお掃除されないということなんですね」

博士ネズミ：「おそうじロボットに限らず機械は、どのような状況で、どんな使われ方をするのかわからないわけじゃが、プログラムする方は、

どんな使われ方をしても機能するようなアルゴリズムを考えて、プログラミングすることが大切なんじゃ」

博士ネズミの言葉に、改めてプログラムの難しさをネズミ探偵団は思い知らされました。

博士ネズミ：「では、久しぶりにクイズじゃ。一年は何日だと思うかね」

チビ助：「そんなのカンタン！365日でしょ！」

博士ネズミ：「365日であることが多いが、そうでない年もあるんじゃ」

チビ助：「違うの？どうして？」

マー太：「チビ助、うるう年だよ。4年に一度だけど、うるう年は366日なんだ」

博士ネズミ:「正解じゃ。プログラムを作るときには、うるう年のように、

起こりうるすべてのケースに対応できるように考えないと、それが原因で正しく動作しないバグとなってしまうのじゃ」

マー太:「でも博士、一般的にバグって、プログラミングのときの入力ミスや指示の間違いなどのことですよね」

博士ネズミ:「確かに今回のはバグというより、想定漏れや仕様漏れが原因だと思うが、私たちはプログラムが正しく動かなかった原因のことを、広い意味でバグと呼ぶことにしようじゃないか」

マー太:「プログラミング的思考では、一つのことをいろいろな視点で見て、考えないとダメだってことなんですね」

博士ネズミ：「それと、もう一つ。プログラムを作ったら、

理論と現実が正しいかどうか、実際に テストすることが、とても大切なんじゃ」

博士ネズミの説明が難しすぎたのか、ネズミ探偵団が理解できないようなので、実験をしてみることにしました。

船の中でも一番長い通路にやってきました。研究室から移動してきたネズミ探偵団と博士ネズミは、ここで対向２輪駆動のおもちゃの車をまっすぐ走らせる実験をすることにしました。

博士ネズミ：「チビ助君。こんどは長い距離をまっすぐ走らせてくれないか」
チビ助：「リモコンの『右の車輪』と『左の車輪』の『前に回転』のボタンを同時に押せばいいんだよね」

チビ助は、リモコンを操作すると車を走らせました。

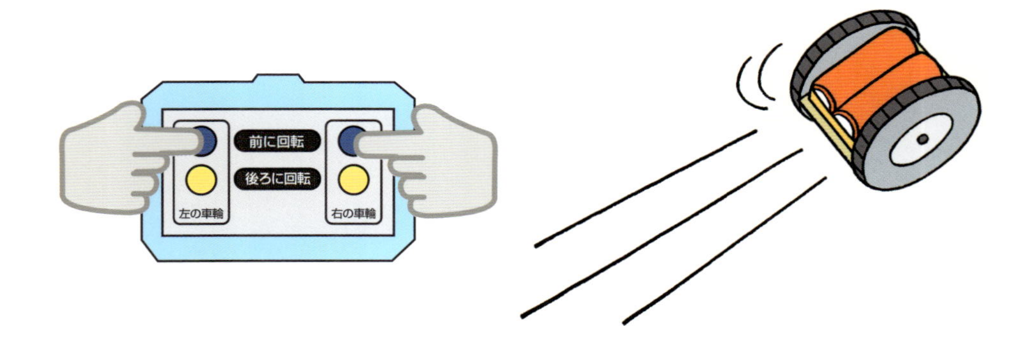

しかし不思議なことに、長い距離を走らせてみると、突然に『く』の字に右に曲がったと思ったら、今度は左に曲がったりと、

おもちゃの車は、まっすぐ走りません。

「どういうこと？」と、さすがのネズミ探偵団もお手上げです。

博士ネズミ：「これが、理論と現実の違いなんじゃ。

走っている途中で右の車輪がすべってしまうと、車は右に曲がってしまうのじゃ」

マー太：「実際の床は汚れていたり、いろいろな物が落ちていたりするから、右の車輪と左の車輪の条件は同じではないってことなんですね」

手で床をなでると、手のひらに砂粒がくっついてきました。

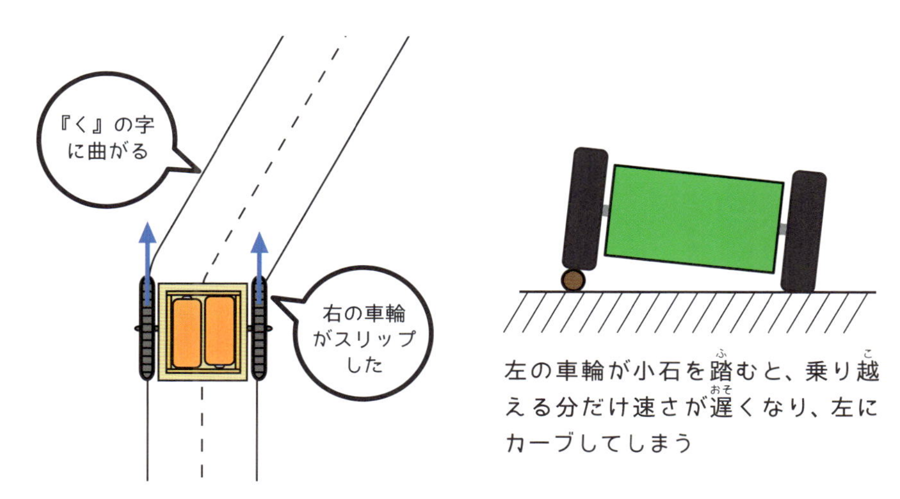

左の車輪が小石を踏むと、乗り越える分だけ速さが遅くなり、左にカーブしてしまう

博士ネズミ：「そのとおりじゃ。右の車輪と左の車輪の回転数が同じでも、微妙な床の条件の違いから、左と右の車輪で速さに違いが生まれて車が曲がってしまうこともあるし、床に落ちている小石を車輪が踏むことで、乗り越える分だけ速さが遅くなり、車が曲がってしまうこともあるのじゃ」
マー太：「車をまっすぐ走らせたいだけなのに、床の状況まで考えてプログラムしないと思ったように動かないなんて、想像していた以上に大変なんですね」
博士ネズミ：「その他にも、何回も動かしていくうちに車輪の減りが左右で違ってくることもあるんじゃ」

長い距離をまっすぐ走らせることは、単純そうに見えて実はとても難しいことだとネズミ探偵団は実感しました。

ラン子：「まっすぐ走らなかったから、おそうじロボットがお掃除をしても部屋のところどころにゴミが残っていたんだわ」
マー太：「これが第二のバグってことはわかったけど、どうしたらまっすぐ進むのかな……」

マー太とラン子は頭を抱えてしまいました。

チビ助：「だったら、おそうじロボットにも周りが見えるように、目を付けてあげれば良いんだよ！

僕(ぼく)だって、目を閉じてここを歩けって言われたら、まっすぐ進めないのと同じで、車にも目を付けてあげれば、まっすぐ進めるんじゃない？」

ランチ子：「車に目を付けるなんてこと……できるのかしら？」

マー太：「博士……ロボットの目の代わりは、カメラでしたよね？」

博士ネズミ：「レーザ距離(きょり)センサーでも大丈夫(だいじょうぶ)じゃ」

マー太：「おそうじロボットにも、カメラかレーザをつけてあげればいいのかも」

ラン子：「私(わたし)たちは壁(かべ)などの周りの景色を見て、まっすぐ歩いているかどうか判断しているけど、おそうじロボットにもカメラを付けてあげれば、同じことができるってことなの？」

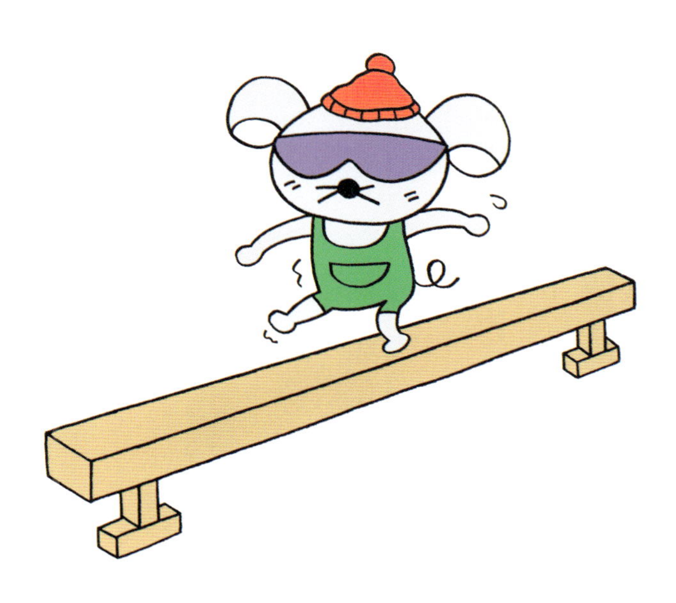

マー太：「そうなんだよ……おそうじロボットにカメラを取り付けたら、家具がどこに置かれているのかもわかるし、部屋の形もわかるし、すべてのバグの解決に繋(つな)がる可能性があると思うんだよね」
チビ助：「でもおそうじロボットのどこに取り付けるの？おそうじロボットには首がないから、すべての方向を見ながらは進めないよね」

チビ助が、自分の首をぐるぐるさせています。そんなチビ助のおかしな動きがヒントになったのか、ラン子にアイデアがひらめきました。

ラン子：「だったら、おそうじロボットの真上を映(うつ)すようにカメラを取り付けたらどうかしら？」

博士ネズミ：「確かに上方向の広い範囲(はんい)の映像(えいぞう)をカメラで映(うつ)せば、天井(てんじょう)と壁(かべ)の境目の線から部屋の形や家具の位置までわかり、“部屋の地図”を作れるかもしれないのう」

チビ助：「部屋の地図があれば、おそうじロボットを置く位置も、あらかじめ決めておかなくても大丈夫になるよね」
マー太：「上方向の映像なら、カメラが固定されてしまうおそうじロボットにも向いてるし、部屋の形も壁の位置もわかるだろうけど、映像から地図をつくるアルゴリズムを考えるのは一苦労だろうな」
博士ネズミ：「残念ながら、このおそうじロボットにカメラを取り付けることは、構造的に手間がかかってしまうんじゃ。おまけにプログラムまで作るとなると時間がかかりすぎて、今回の船の旅が終わってしまう可能性もある」
ラン子：「となると、いまのおそうじロボットの構造を変えなくても、すべてのバグが解決するようなアルゴリズムを考えないとダメだってことになるわね」

ラン子はノートに部屋の絵を描くと、一生懸命に考えはじめました。

7. 発想の転換

今回のプログラムのバグは、以下の３点の考えが抜けていたことが、大きな原因でした。

1　部屋の中には、いろいろな物が置かれている

2　おそうじロボットはまっすぐ進まないことがある

3　部屋の形は四角形だけではない

三つ目のバグは、船にある部屋の形はすべて、四角形だけだと思い込んでいたことが原因です。実際には、船首のほうには三角形の部屋、船尾には壁が丸くなっている部屋など、船の中にはいろいろな形の部屋がありました。しかし原因がわかっても、これら三つを解決するためのおそうじロボットの動きが思い浮かばず、ネズミ探偵団のモヤモヤはピークに達していました。

ラン子：「部屋の形が三角形だったとしても、部屋の真ん中にベッドが置かれていたとしても正しくお掃除してくれるおそうじロボットの動きってなによ！」

あまりにもアイデアが浮かばなくて、考えをまとめるためにノートに書いていた部屋の絵を、ラン子が鉛筆でぐちゃぐちゃっと塗りつぶしたときでした。

マー太：「これだー!! 小さな子どもがクレヨンで画用紙を塗るときのように、適当に動き回ればいいんだ！」

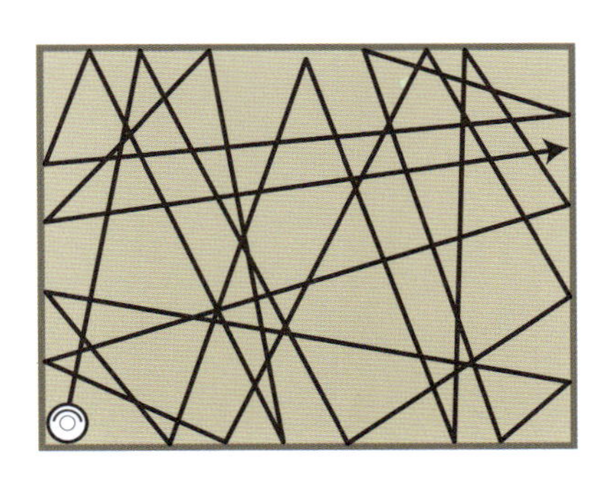

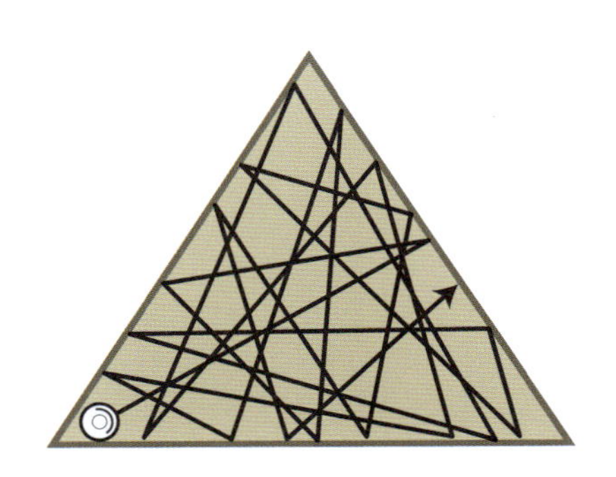

ラン子：「ただこれだと、おそうじロボットが一回も通らない部分ができてしまいそう」
チビ助：「何回も通る部分もあるよね。きれいになるからそれは別に困らないけれど」

マー太：「部屋のお掃除に偏りが発生してしまうけど、

そこは発想を変えて、毎日必ずお掃除をするように船のルールを決めるとか、おそうじロボットの動く時間が長くなるようなプログラムにするとか、その他の部分で工夫すれば良いんだよ」

博士ネズミ：「なるほど。完璧ではない部分を、使い方などでカバーするということじゃな。それはとても良い考え方じゃ」
ラン子：「動きが適当な分、いままでのように同じ場所だけがお掃除されないということはなくなるわけだし」
マー太：「でも適当な動きを『おそうじロボットの動作に適した表現』に書き直すには、どうやって表せばいいんだろう……」
ラン子：「壁に当たったときに、跳ね返る向きが毎回違うってことよね……『適当』って言葉を使っても大丈夫なのかな？」

博士ネズミ：「適当な動きをおそうじロボットの動作に適した表現で書くときは、乱数という考え方を使えば大丈夫じゃ」

チビ助：「乱数って、また新しいプログラム的な表現なの？」

博士ネズミ：「プログラムとは関係なく、一般的に無作為な数を乱数と呼ぶんじゃ」

チビ助：「無作為な数って、適当な数ってこと？」

博士ネズミ：「そのとおり。たとえば、サイコロを振ったときにでる数は乱数なんじゃ。サイコロは、

１から６までの数字を適当に、規則性なく出すことができるじゃろ」

マー太：「無作為というのは、規則性のないことなんですね」
博士ネズミ：「乱数を利用すると、右か左を適当に選びたい場合なら、

『乱数を発生させる』
↓
『乱数が偶数だったら右、奇数だったら左』

という手順になるんじゃ」

マー太：「どれだけ向きを変えるのかも、乱数の数の時間分だけ車輪を回すようにすればいいんだ！」
博士ネズミ：「たとえば『右を向く』の関数で、“回転C”の数字として、１～５の範囲の乱数で発生した数字を使えば、回る角度を適当に変えることができるんじゃ」
ラン子：「今回のアルゴリズムの動きは、まっすぐ前に進んで、壁に当たったら不規則な向きに方向を変えて、また壁に当たるまで前に進む。この動きを一定時間、繰り返せば完成ということね」

新しいアルゴリズムを考えたところで、この物語はおしまいです。

おそうじロボットを効率よく動かして、部屋をきれいにお掃除するアルゴリズムには、いろいろな種類があります。

もし博士ネズミのおそうじロボットにカメラが付いていたら、ネズミ探偵団がたどり着いた結論も違ったものになっていたはずです。そして、カメラからの画像を判断するような、もっと複雑なプログラムが必要になっていたかもしれません。このようにアルゴリズムによって、プログラムの複雑さや汎用性、ロボットの予算なども変わってしまうのです。

今回、ネズミ探偵団が考えたアルゴリズムはどうだったか、ですって？もちろん船の中はきれいになり、いまも快適に航海を続けています。

そして、ここからは後日談。
甲板を見下ろすひとつの影がありました。甲板には誰の姿もなく、おそうじロボットだけが黙々とお掃除を続けています。どうやら影の主は、おそうじロボットの動きを見ていたようです。
しばらくして影の主は、メモリらしきものを海に投げ捨てました。それは小さな波紋とともに、ゆらゆらと海の底へと沈んでいきます。
やがて影は、さっとマントをひるがえすと夕暮れの船の中へと消えてしまいました。その正体を見たものは誰もいません。だって、この船のおそうじロボットにはカメラがついていませんからね。

おしまい

Scratchの世界

Scratchは、MITメディアラボのライフロングキンダーガーテングループから無償で提供されているプログラム言語で、プログラミングの基礎を学習したい初心者に最適なツールです。またScratchには、インターネットに接続されたWebブラウザ上で操作できるバージョンと、パソコンにインストールすることでオフラインでも操作できるバージョンの２種類が用意されています。

Scratchを使えば、ゲームやアニメーションを自由に作ることができるのです。それではプログラミング的思考に登場した、繰り返す（ループ）、関数、変数、乱数について、実際にプログラムのScratchで体験してみましょう。

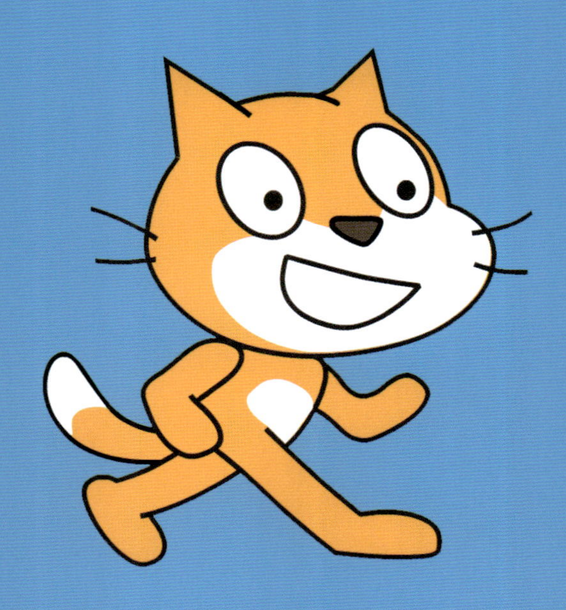

1. Scratchを体験する

インターネットに接続しているパソコンさえあれば、オンラインバージョンを使って、すぐにでもScratchを体験することができます。
『https://scratch.mit.edu/』にアクセスして、

一番上のバーにある〔作る〕をクリックします。

オンラインバージョンはWebブラウザ上での操作となりますので、お子さんにインターネット環境を与えることに不安を感じる場合や、インターネットに接続されていないパソコンで操作したい場合は、パソコンにScratchをインストールして使用するオフラインエディターをお勧めします。オフラインエディターのインストールは、インストール用サイトで行います。Scratchのサイト(上記サイト)を一番下までスクロールし、〔サポート〕の〔オフラインエディター〕をクリックしたら、移動先のサイトの指示に従ってインストールします。

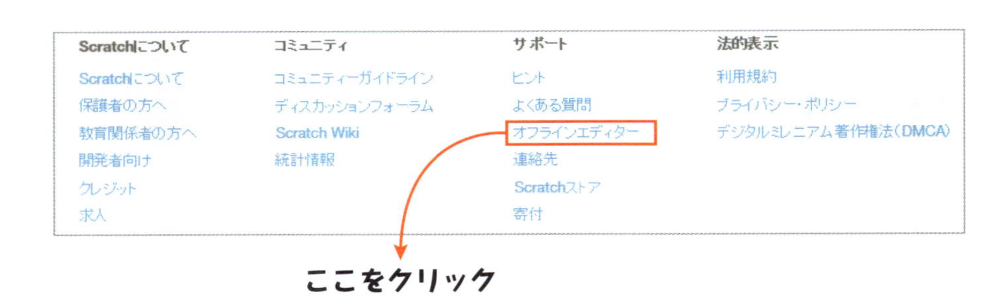

Scratchのサイトから〔作る〕をクリックすると、以下の画面に移動します。オフラインエディターを起動したときも同じ画面です。

これが、Scratchのプログラムを作成するときの画面です。それでは、この画面について見てみましょう。

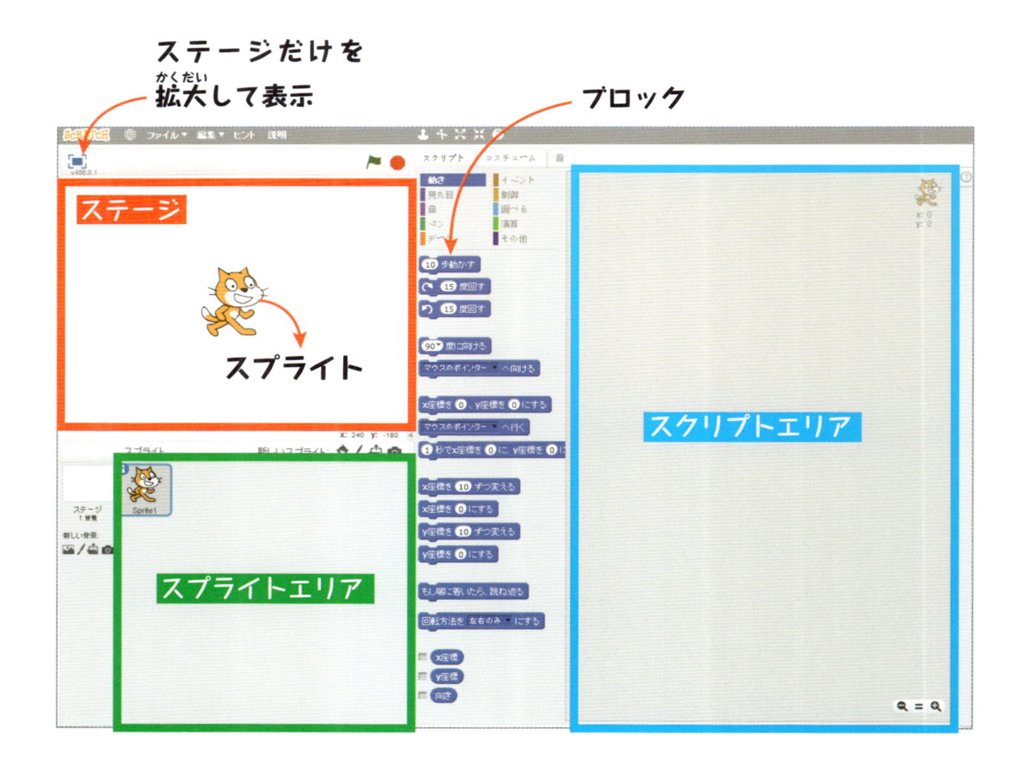

ステージ：プログラミングしたゲームなどを表示する部分です。画面サイズは、横480ピクセル×縦360ピクセルです。ピクセルは、コンピュータなどで使われている長さを表す単位となります。左上のをクリックすると、ステージだけを拡大表示できます。

スプライトエリア：プログラミングで使用するスプライトや背景を一覧で表示するためのエリアです。Scratchではアイテムのことを『スプライト』と呼んで背景と区別しています。
Scratchの最初の画面には、スプライトとしてScratchのキャラクターのネコだけが用意されています。またScratchには、スプライトと背景のそれぞれにライブラリーが用意されており、そこから別のスプライトや背景をスプライトエリアに追加することができます。さらに、Scratchの機能を使って自分でスプライトや背景を描くことも、外部ファイルから読み込むこともできます。

スクリプトエリア：Scratchでは、ブロックが一つひとつの指示になります。スクリプトエリアに複数のブロックを並べることで複雑な動きをプログラミングします。スクリプトエリアは、スプライトや背景ごとに用意されています。Scratchではプログラミング的思考で考えた指示を、スプライトや背景のそれぞれのスクリプトエリアに、ブロックを順番に並べることでプログラミングしていきます。ブロックを並べたかたまりのことを、『スクリプト』と呼んでいます。

「ネズミ探偵団と謎の怪盗事件」のお話に出てきた、『繰り返す（ループ）』、『関数』、『変数』、『乱数』について、Scratchで体験していくことにしよう！

2.『繰り返す』を体験する

Scratchでは、ステージ上にスプライトとしてScratchのキャラクターであるネコのスクラッチキャットが配置されている状態からプログラミングがはじまります。そのため、スクラッチキャットをステージから削除することがプログラミングの最初の作業になるのが一般的ですが、今回はスクラッチキャットを使ってプログラミングしていきます。

スクラッチキャットを動かしてみます。

次のようにプログラムします。

1. スプライトエリアのスクラッチキャットをクリックして選択する
2. 動き の 10 歩動かす をスクリプトエリアに移動させる
3. 10 歩動かす をクリックして、プログラムを動かす

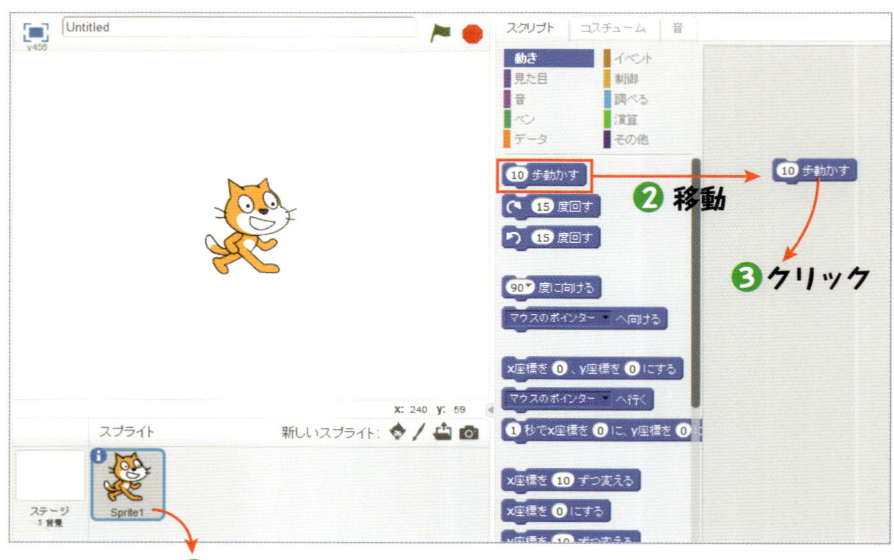

『動く』動作は、スクラッチキャットの動きになります。そのため、スクラッチキャットに指示を与(あた)える必要があります。スクラッチキャットをクリックしてからプログラムします。

Scratchでは、スクリプト（ブロックのかたまり）をクリックすることで、プログラムを動かすことができます。しかし、ステージを拡大(かくだい)表示したときや、複数のスプライトのプログラムをまとめて動かしたいときにはこの方法は使えません。そのため、スクリプトの一番上に イベント の がクリックされたとき を追加して、 をクリックすることでプログラムをスタートできるようにします。

具体的には、次のようにプログラムします。

❶〔スクリプト〕タブの イベント をクリックします

❷ がクリックされたとき をスクリプトエリアに移動させ、 10 歩動かす と合体させます

❸ をクリックして、プログラムを動かします

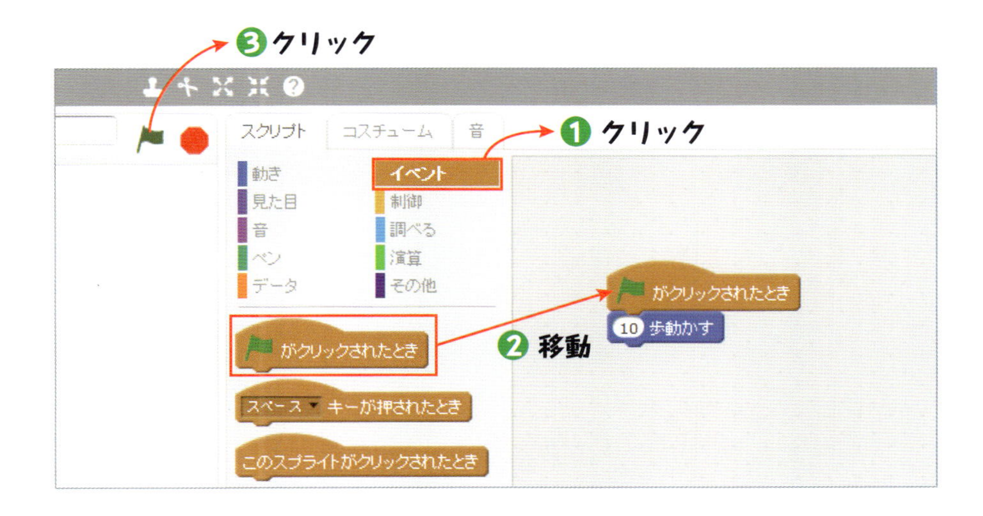

このプログラムでは、スクラッチキャットは10歩分（10ピクセル）の長さを瞬間移動するだけです。ためしに 10 歩動かす の10を100に変更し、プログラムを動かしてみてください。

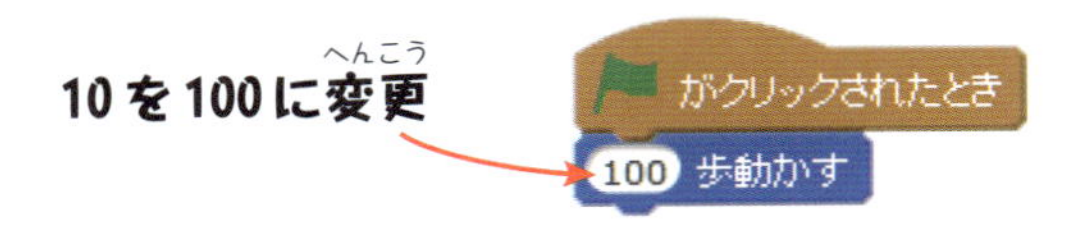

しかし、瞬間移動する長さが10歩分から100歩分に変わっただけで、やはり動いているようには見えません。そこで、 10 歩動かす を繰り返す指示を追加します。繰り返すのループ系のブロックは、スクリプトブロックの 制御 の種類の仲間になります。ここでは、『ずっと』のブロックで 10 歩動かす をはさみます。

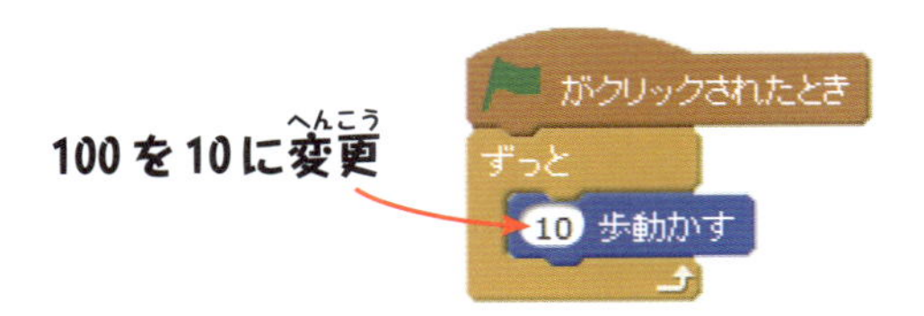

をクリックして、プログラムを動かします。10歩分の瞬間移動を何回も繰り返すため、スクラッチキャットが動いているように見えますが、停止の指示がないため移動し続けてしまいます。これが無限ループの状態です。このように動いているプログラムを途中で止めたいときは、 をクリックします。

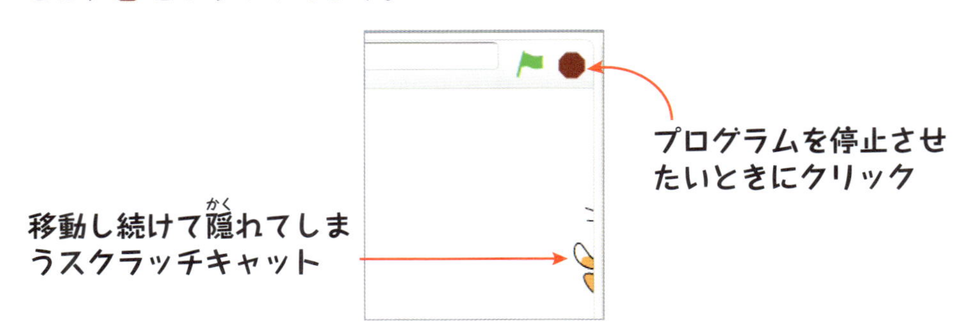

3. 調べるブロックを体験する

無限ループの繰り返しのブロックを、

停止の条件を追加できるブロックと交換してみましょう。

Scratchで繰り返しのループに停止の条件を追加するときは、繰り返す回数を指定できるブロック、または停止の条件を追加できるブロックを使います。

繰り返す回数を指定できるブロック

停止の条件を追加できるブロック

1 今回は、『停止の条件を追加できるブロック』を使用します。六角形の凹んでいる部分に、停止の条件として別のブロックを追加します。

停止の条件には、『調べるブロック』を使います。
『調べるブロック』は、 調べる の中にある六角形をしたブロックになります。今回は、 マウスのポインター ▼ に触れた のブロックを使用します。

2 マウスのポインター ▼ に触れた をドラッグして、スクリプトエリアのブロックの六角形の凹みの部分に追加します。

❶

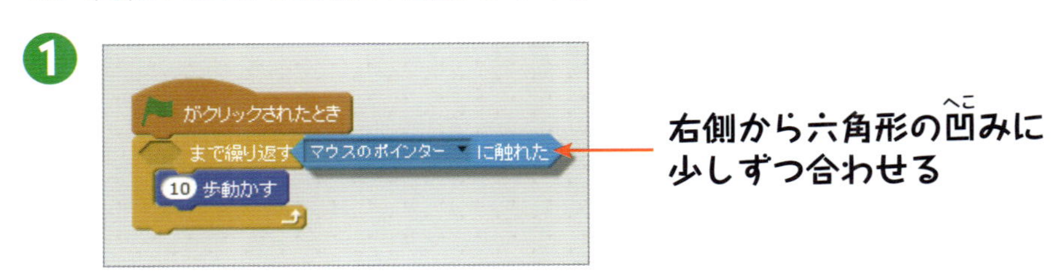

❷

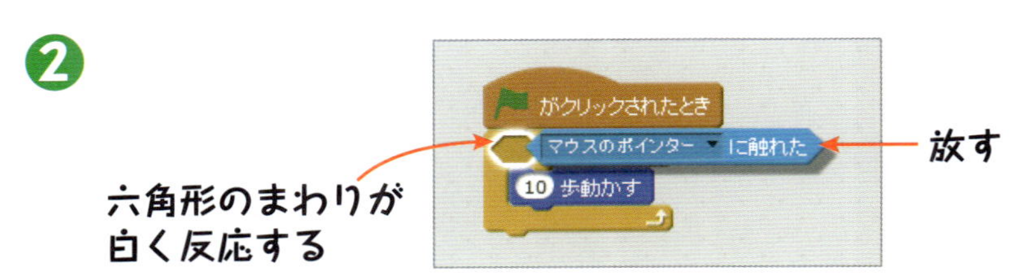

❸ ❹

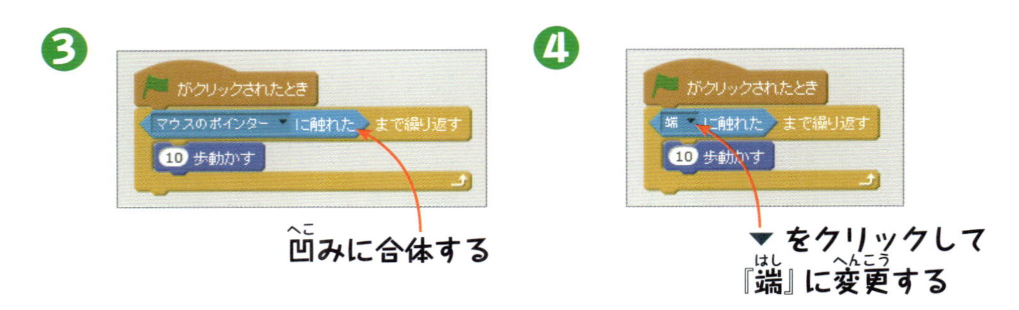

3 スクラッチキャットをステージの真ん中までドラッグしたら、🏴 をクリックして動かしてみます。スクラッチキャットが、ステージの端まで進んで停止します。これでプログラムは完成です。

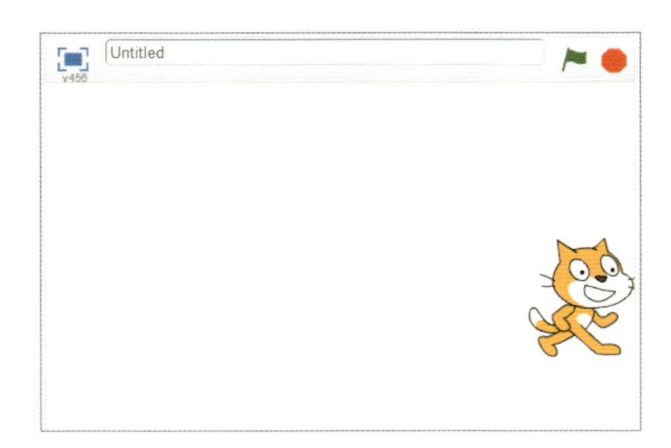

4. 自分でブロックを作る

Scratchには、『ブロックを作る』という機能があります。この機能は、「ネズミ探偵団と謎の怪盗事件」では、『関数』と紹介されています。

以下が関数を使ったScratchのスクリプトで、これから作るプログラムの完成形です。詳細は後ほど一つずつ説明しますが、本筋のスクリプトの部分と、関数として名前をつけた（定義した）スクリプトの部分の２つのブロックのかたまりがあることを覚えておきましょう。

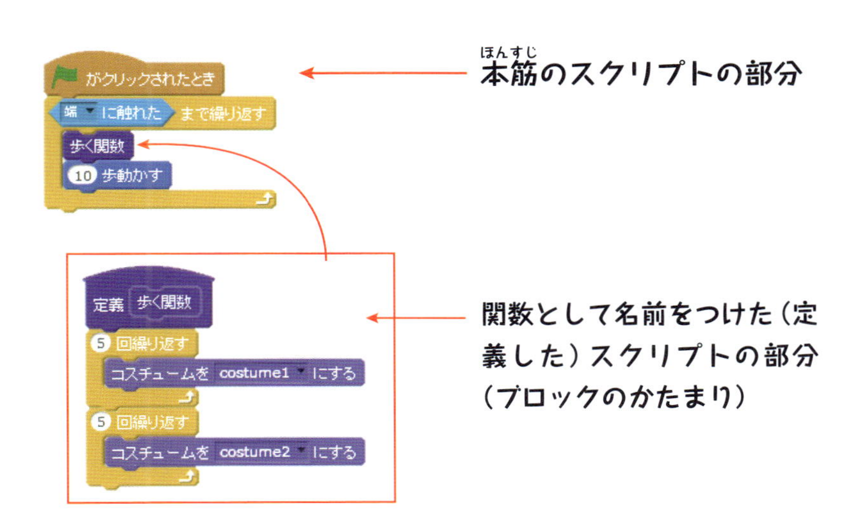

前ページのプログラムに、 歩く関数 が追加されています。これは関数のブロックで、別の場所にある『歩く関数』のスクリプトをこの場所で実行するという意味になります。

それでは実際にScratchで関数を作ってみましょう。

関数は、スクリプトブロックの その他 で定義します。 その他 をクリックしてから、 ブロックを作る をクリックします。

新しいブロックを作るための小画面が表示されます。名前を入力（ここでは“歩く関数”と入力）し、OK をクリックします。

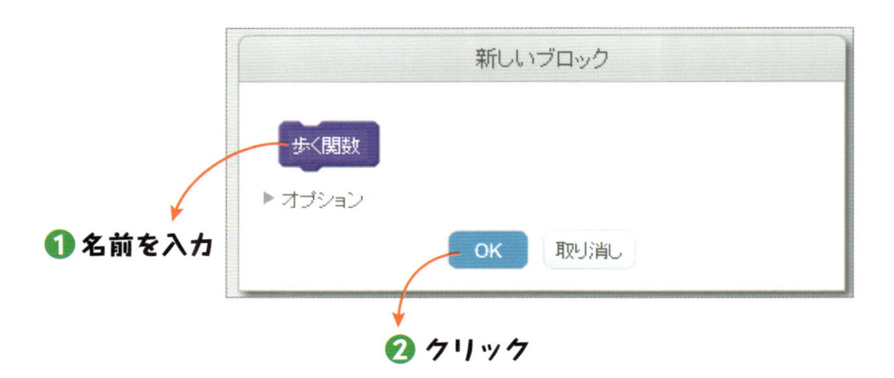

新しく 歩く関数 のブロックが追加されました。スクリプトエリアにも定義用のブロックが追加されましたので、ここに『歩く関数』のスクリプトをプログラミングしていきます。

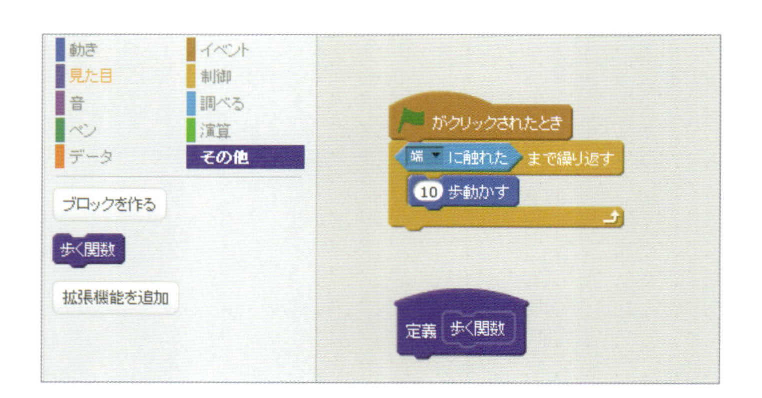

また、今回のプログラムでは、コスチュームが使われています。実はスプライトは、何枚かのコスチュームで構成されています。例えばチビ助の３枚のカードがあったとします。1枚目には赤い帽子のチビ助。２枚目には黄色の帽子のチビ助。３枚目には青い帽子のチビ助が描か

れています。これらのカードを1枚目から順に重ねたものがスプライトとなります。そして、一枚一枚のカードのことを『コスチューム』と呼んでいます。何もしていない状態では、チビ助のスプライトとして1枚目のコスチュームの赤い帽子のチビ助が表示されます。しかし、見た目 の種類のブロックを使うと、2枚目のコスチュームである黄色の帽子のチビ助をスプライトとして表示させたり、3枚目のコスチュームの青い帽子のチビ助をスプライトとして表示させたりすることができます。

スクラッチキャットのコスチュームを見てみましょう

〔コスチューム〕のタブをクリックします。スクラッチキャットが、実はポーズの違う2つのコスチュームで作られていることがわかります。それぞれのコスチュームをクリックすると、ステージ上のスクラッチキャットのポーズも変わります。そして、“costume1”と“costume2”を交互に表示すれば、スクラッチキャットが歩いているように見える動画スプライトとして使うことができるのです。

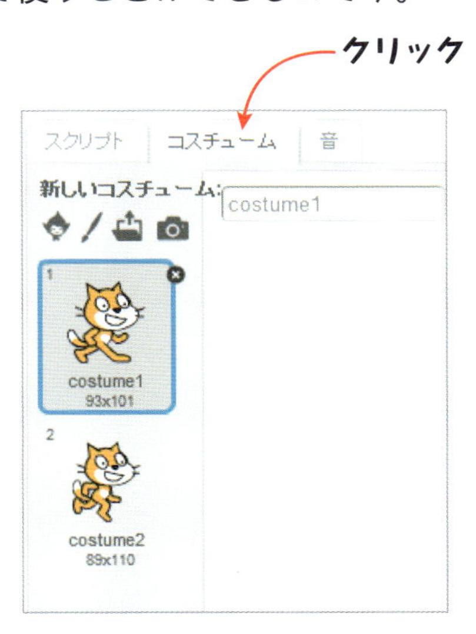

08

1

〔スクリプト〕タブをクリックします。

見た目 の コスチュームを costume2 にする で、表示されるコスチュームを指定します。それでは、凹んでいる部分の逆三角形のボタンをクリックして、表示させたいコスチュームを指定してみましょう。

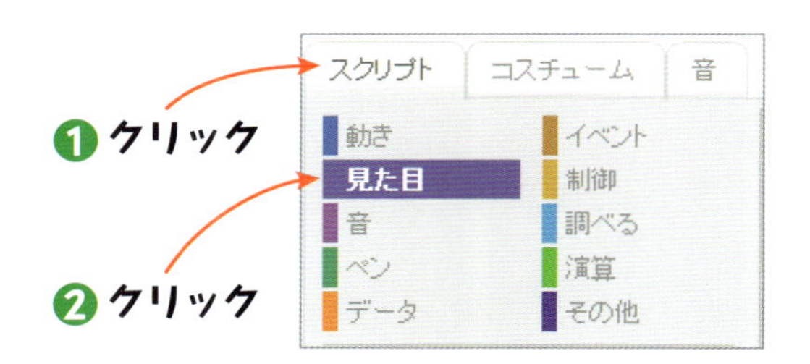

ためしに コスチュームを costume2 にする を、以下のように並べてから、クリックして動作させてください。残念ながらスクラッチキャットは動いたように見えません。これは、“costume1”と“costume2”の切り替えがあまりにも速いため、一番下の指示の“costume1”しか見えないからです。

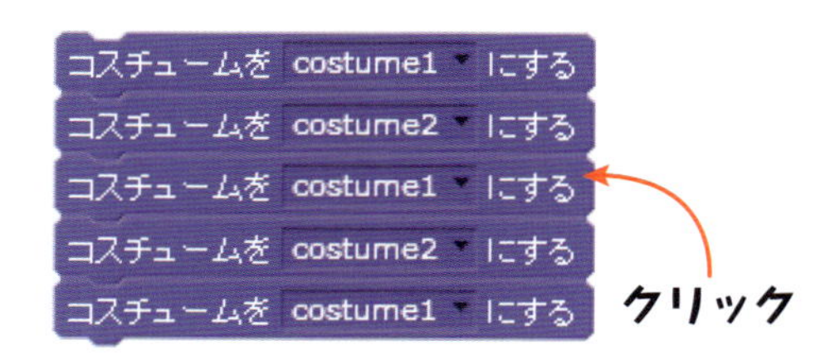

2

制御 から『繰り返しの回数を指定できるブロック』を使って、それぞれのコスチュームが目で確認できるまで表示させます。

『繰り返しの回数を指定できるブロック』を追加したら、回数を10から5に変更する

スクリプトをクリックして動かしてみてください。繰り返しのブロックを使うことで、“costume1”と“costume2”をそれぞれ5回連続で表示することになるため、動きが確認できるようになります。

3 スクリプトエリアに作られた 定義 歩く関数 と合体させます。これで、〔歩く関数〕の定義のスクリプトが完成しました。

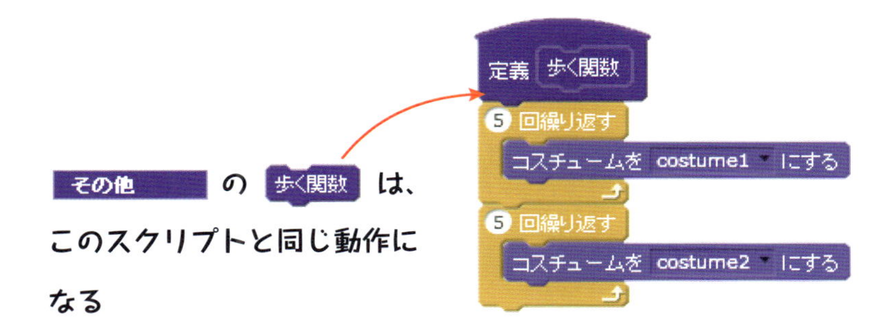

4 その他 の 歩く関数 を、スクラッチキャットのスクリプトに追加します。それでは、旗をクリックしてプログラムを確認してください。スクラッチキャットの移動にコスチュームの動きが加わりました。

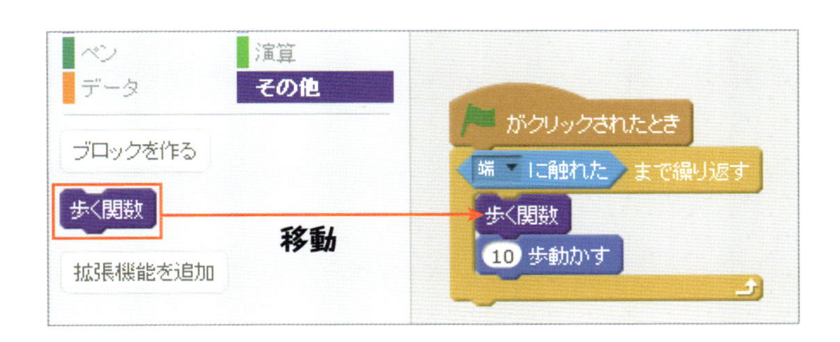

5. 足し算クイズを作る

変数を使った足し算クイズのプログラムを作ってみましょう。このクイズのプログラムには、乱数が登場します。

乱数は、指定した範囲内（はんいない）の数字を適当に作るためのものです。

それでは 演算 の 1 から 10 までの乱数 をクリックして、実際に動きを見てみましょう。

例えば、1から6までの乱数なら、サイコロを転がして出る目のように1から6までの数字を適当に作ります。

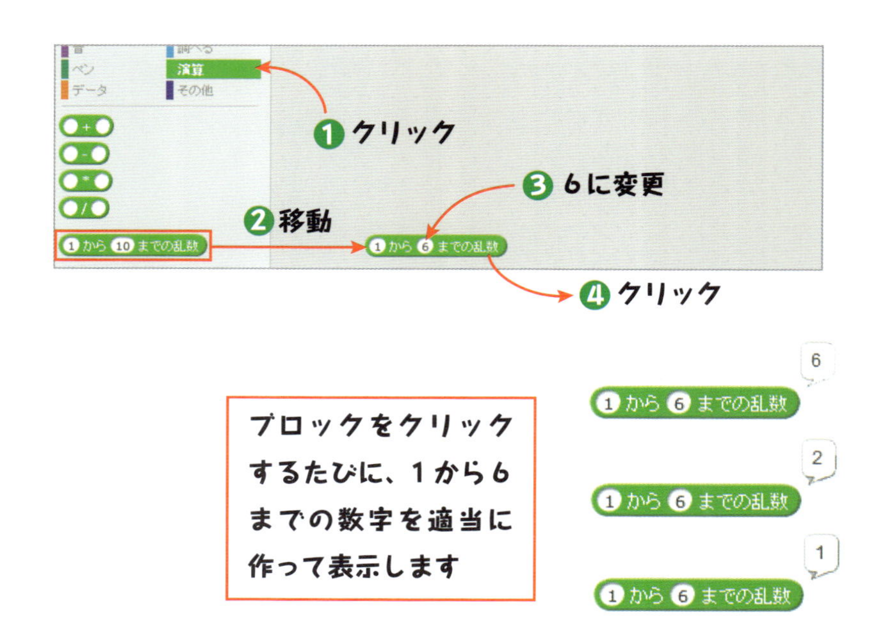

今回は、『乱数Ａ』＋『乱数Ｂ』という問題に答えると、正解か不正解かを表示するだけの簡単(かんたん)なクイズです。
また、『乱数Ａ』と『乱数Ｂ』を入れておくブロックとして、変数のブロックも使用します。変数は、「ネズミ探偵団(たんていだん)と謎(なぞ)の怪盗事件(かいとうじけん)」では、お弁当箱にたとえられていた、

数字や文字などの値が入るプログラムの箱です。

それでは、『乱数Ａ』と『乱数Ｂ』の値が入る変数を用意するところからはじめてみましょう。

1 変数は、スクリプトの データ から、 変数を作る をクリックして作ります。

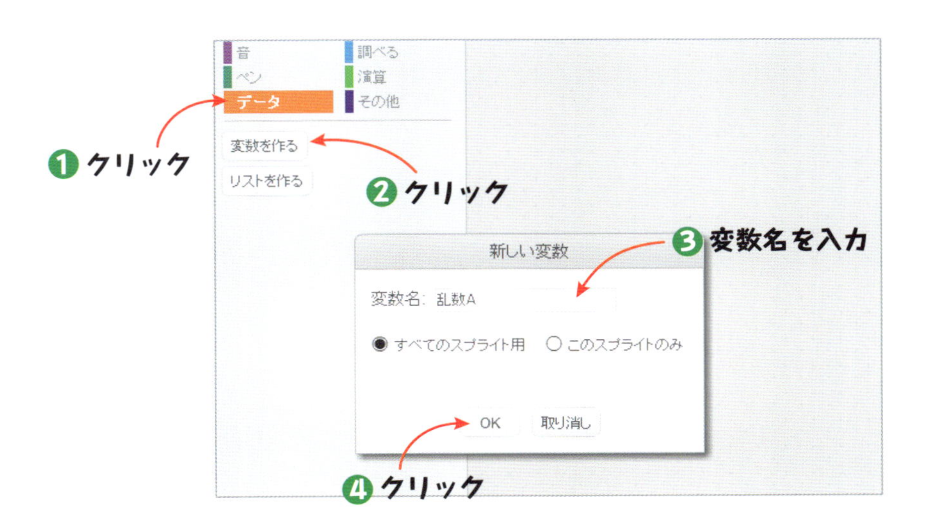

新しい変数を作るとき、前のページの図のように〔すべてのスプライト用〕と〔このスプライトのみ〕の選択画面が表示されます。〔すべてのスプライト用〕を選ぶとすべてのスプライトに共通した変数として扱われ、〔このスプライトのみ〕を選ぶと選択中のスプライトでしか扱われない変数となります。
今回作成するプログラムには、スクラッチキャットのスプライトしか登場しませんので、どちらを選択しても同じ結果になりますが、作り方の練習のために、『乱数A』では〔すべてのスプライト用〕を選択して作成し、『乱数B』では〔このスプライトのみ〕を選択して作成してみます。

ブロックが置かれている欄に、『乱数A』と『乱数B』の変数のブロックが作られました。また、変数というプログラムの箱に文字や数字などの値を入れるためのブロックや、入っている値を表示するためのブロックなども追加されました。さらにステージ上には、『乱数A』と『乱数B』に何の値が入っているかをチェックするための確認用の小画面も現れました。

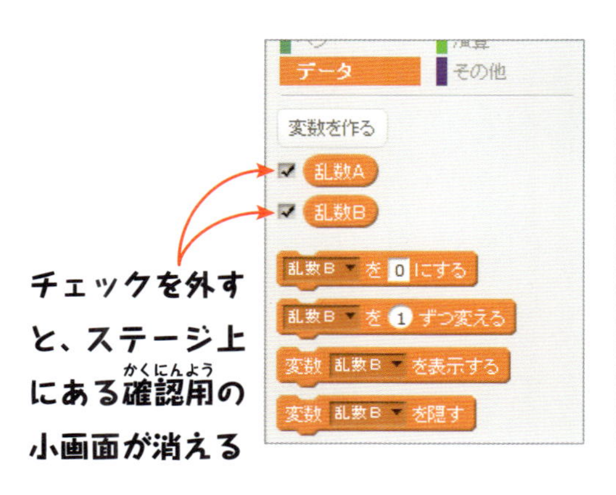

2 乱数で発生した数字（1から10までの数字）を、『乱数A』と『乱数B』のそれぞれの変数に入れるためのスクリプトを作ります。

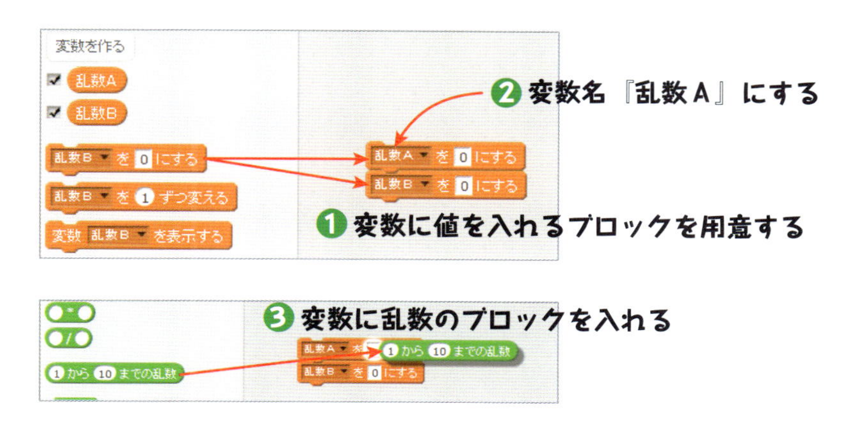

3 イベント の がクリックされたとき を追加します。

をクリックしてプログラムを動かすと、『乱数A』と『乱数B』のそれぞれの変数に、乱数で発生した数字が入ったことがわかります。

4 クイズで必ず必要となる質問のスクリプトを作ってみましょう。
Scratchには、調べる の中に質問のブロックが用意されています。

5 質問用のブロックだけでは、一つのつながった文章しか質問することができません。そこで、演算 の hello と world のブロックを使って、二つの文章を入れられるようにします。

二つの文章を入れられるブロックを追加する

をクリックしてプログラムを動かすと、以下のようになります。これはスクラッチキャットが回答を待っている状態ですので、をクリックしてプログラムを停止します。

6 乱数A と 乱数B と hello と world を使って、以下のような質問を完成させます。このスクリプトの場合、乱数A の値が５で 乱数B の値が２なら、「５＋２の答えは？」という質問文になります。

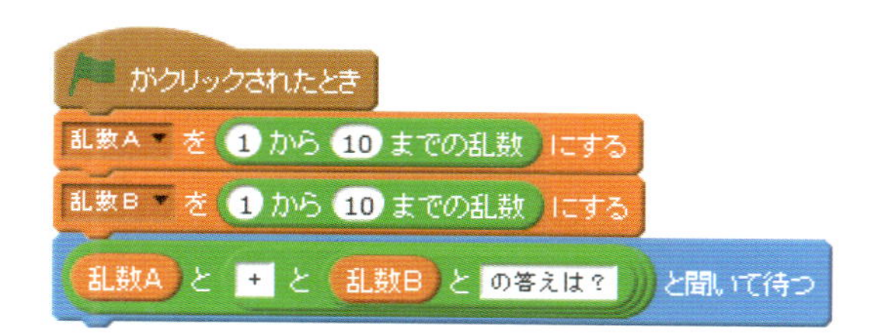

質問のブロックの作り方

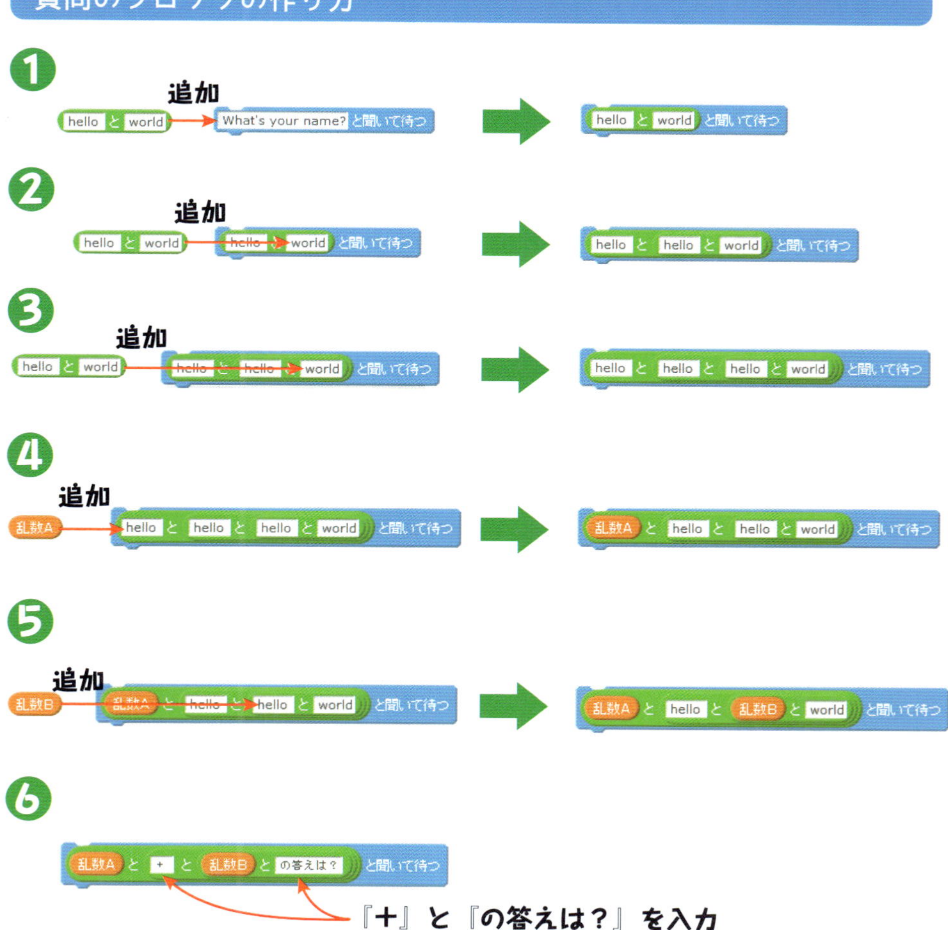

これで、質問と答える部分のプログラムはできました。
次は、答えが正解か不正解かを判断して、正解のときは「正解！」が表示され、不正解のときは「不正解！」と表示されるスクリプトを作成します。

ある条件を満たしているときだけ処理(しょり)を変えたい場合、条件分岐(ぶんき)のブロックを使用します。

条件分岐(ぶんき)のブロックには、次の二種類があります。

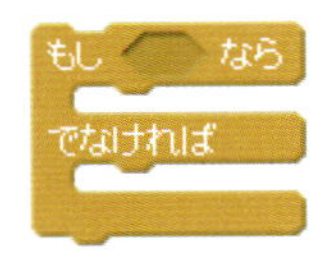

7 制御 の条件分岐(ぶんき)のブロックを使って、正解と不正解を判断するプログラムを作ります。

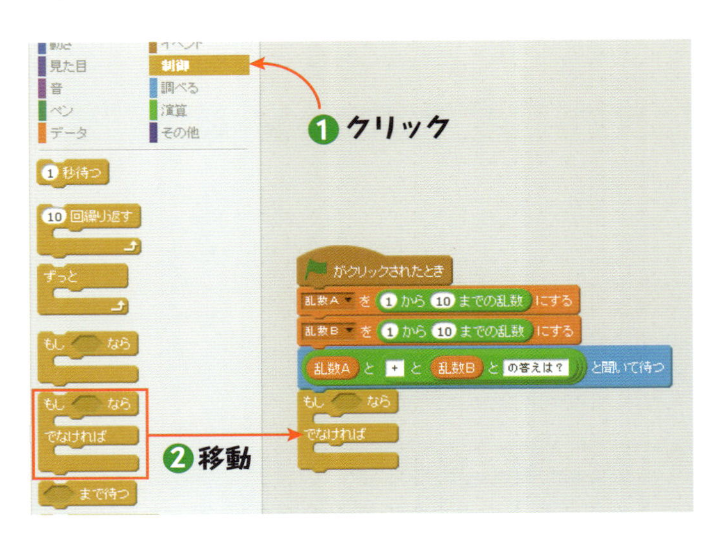

8 条件の判断の部分には、演算 の ◻=◻ を使用します。このブロックは、右側の□と左側の□が、同じか違っているかを判断します。

質問の回答は 答え の変数に入りますので、◻=◻ の左側に追加します。

次に演算のブロックの ◯+◯ を使って 乱数A の値と 乱数B の値を足し算し、正しい答えを求めます。

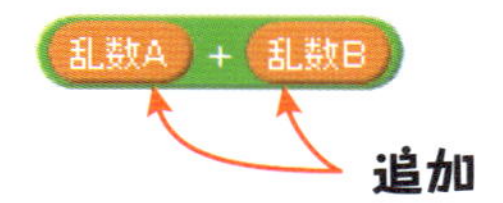

答え =◻ の右側に追加し、右側と左側の値が同じか求めます。

9 見た目 の Hello! と言う を追加します。正解のときは「正解！」が、不正解のときは「不正解！」が表示されます。これで乱数を使った足し算クイズは完成です。以下が、完成したプログラムのスクリプトになります。

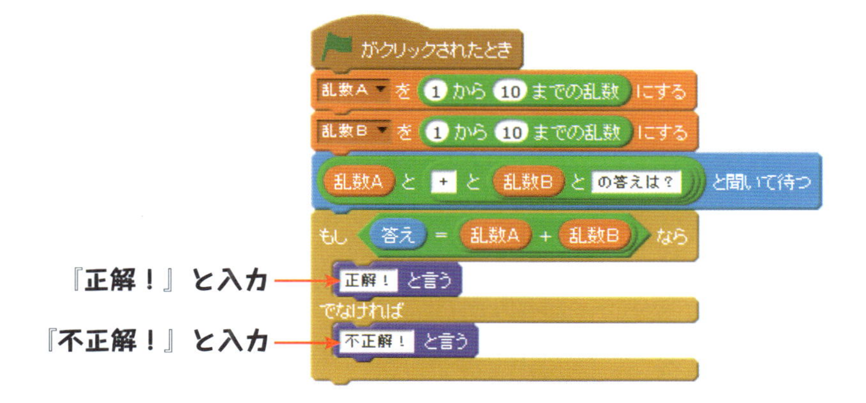

ゲームの世界

一緒にシューティングゲームを作ってみましょう。
宇宙から攻めてくるエイリアンの軍団を、宇宙船から発射するミサイルで打ち落とすゲームです。見事にすべてのエイリアンを倒したら、ゲームクリア。ただし宇宙からはたくさんのいん石が落ちてきて、エイリアンへの攻撃を邪魔します。宇宙船にいん石がぶつかったら、その時点でゲームオーバーです。また、エイリアンの軍団は、少しずつ地球に迫ってきますので、侵略される前にすべてのエイリアンを倒す必要があります。頑張ってクリアを目指してください。
それでは、Scratchでゲームをプログラミングしてみましょう！

1. 材料をダウンロードする

1 シューティングゲームで使う材料をインターネットからダウンロードします。Webブラウザで、『http://sinju.org/repicbook/game.zip』にアクセスしてください。
以下の画面が表示されたら、ユーザー名に『scratchbook』、パスワードに『23suypnvvb』を、すべて半角小文字で入力します。

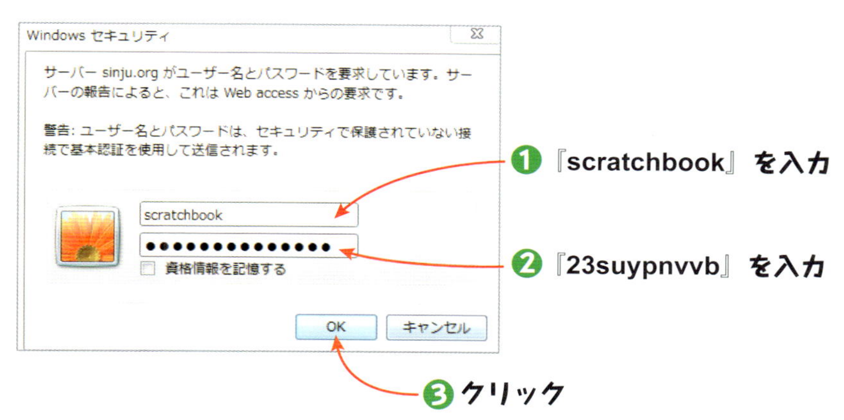

2 『ファイルを開く（O）』をクリックするか、『保存（S）』をクリックしてファイルを保存してから解凍（かいとう）します。

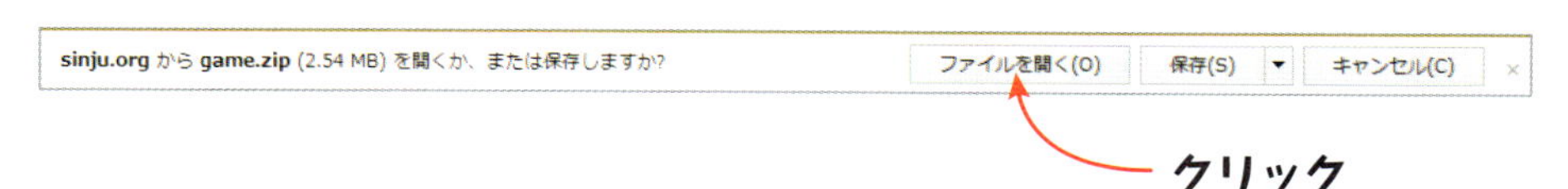

3 9つのファイルが入っているフォルダーが作られます。フォルダーがパソコンのどこに作られたか、確認（かくにん）してください。

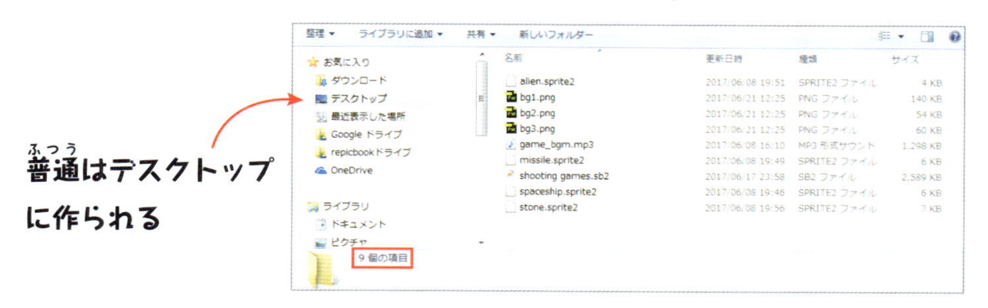

2. ゲームで遊ぶ

まずは、シューティングゲームで遊んでみましょう。
これから作るゲームは、「どんなルールなのか？」「どうやって操作するのか？」など、ゲームの動きを知らなくては、Scratchのブロックの単位にまで手順を分解することはできません。
それではScratchを開いて、ゲームのデータを読み込んでみましょう。

1 Webブラウザーで、『https://scratch.mit.edu/』にアクセスします。Scratchのサイトが表示されたら、『作る』をクリックします。

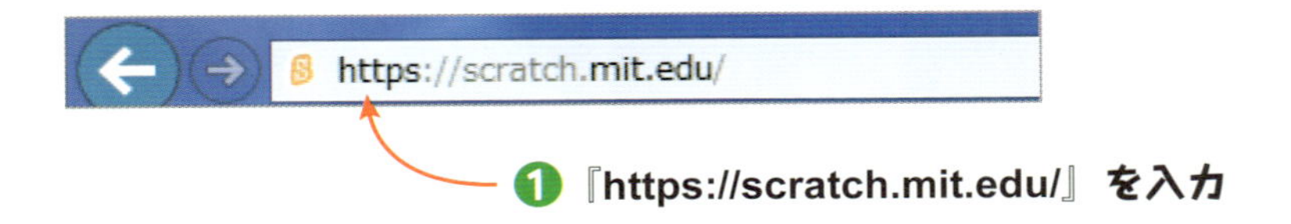

2 〔ファイル〕から〔手元のコンピューターからアップロード〕を選んでクリックします。オフラインエディターを使っている場合は、〔ファイル〕から〔開く〕を選んでクリックします。小画面が表示されます。

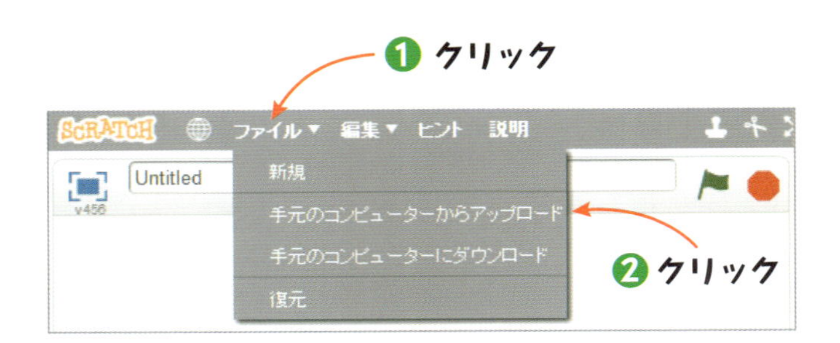

3 ダウンロードしたファイルから、"shooting games.sb2"を選んで、〔開く(O)〕をクリックします。

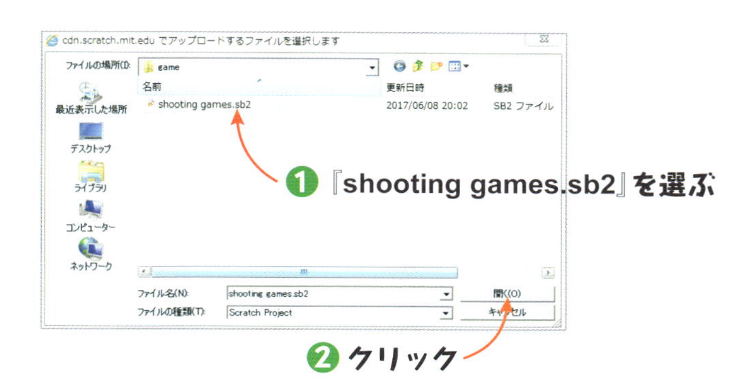

4 小画面が表示されたら、〔OK〕をクリックします。オフラインエディターを使用している場合は、この小画面は表示されません。

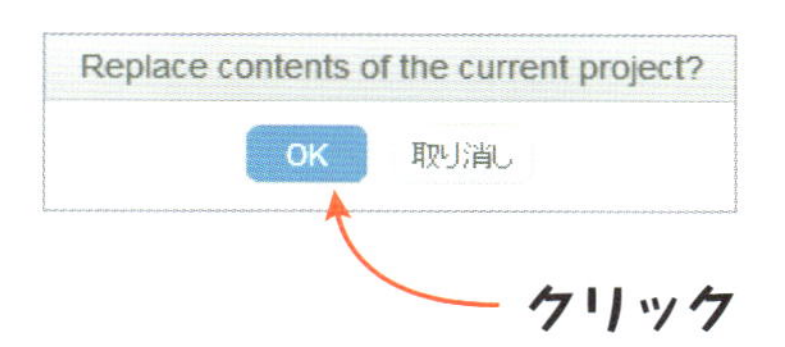

5 Scratchのサイトにシューティングゲームが表示されたら、🏴をクリックして、遊んでみましょう。

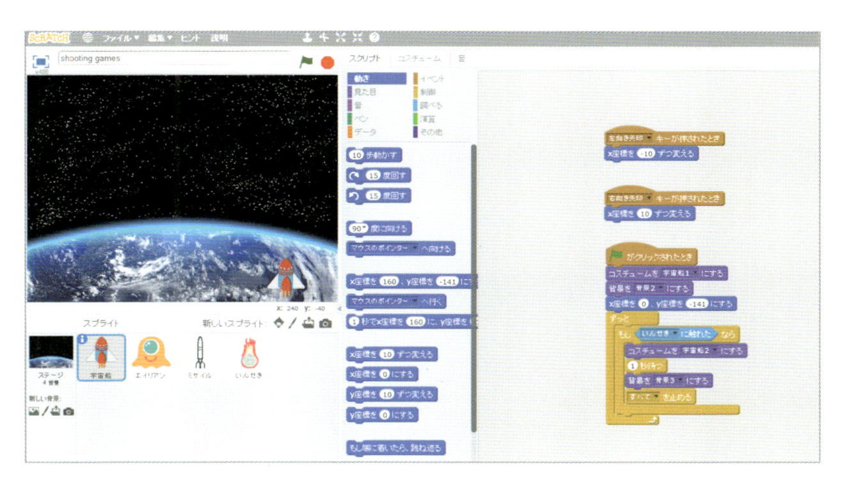

エイリアンは、ミサイルが当たると消える
1秒ごとに下に移動する
一番下まで移動されたらゲームオーバー

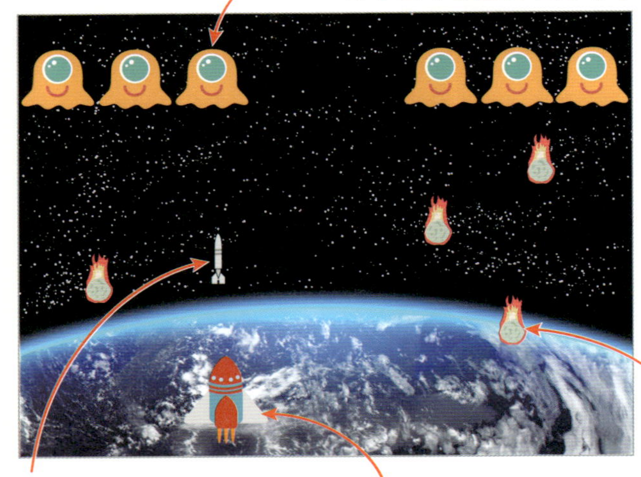

いん石は1秒ごとに
2個ずつ落ちてくる

[↑] を押すと
ミサイルを発射
すべてのエイリアンを
消すとゲームクリア

[←] を押すと左に移動
[→] を押すと右に移動
いん石に当たるとゲームオーバー

ゲームで使用するイラスト

宇宙船

爆破された宇宙船

エイリアン

いん石

ミサイル

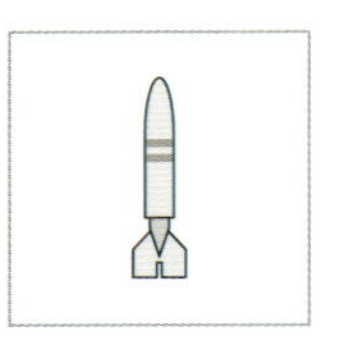

プレイ中の画面

ゲームクリアの画面

ゲームオーバーの画面

3. ゲームを作る

シューティングゲームのルールがわかったところで、いよいよScratchでゲームをプログラミングしていきましょう。

1 〔ファイル〕から〔新規〕を選んでクリックします。

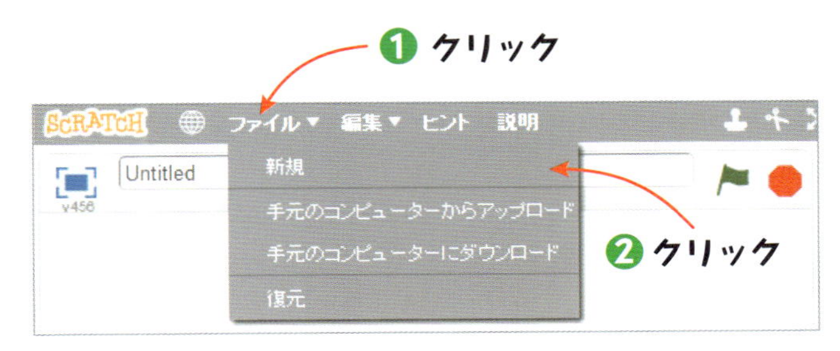

2 小画面が表示されたら、〔OK〕をクリックします。オフラインエディターをご使用の場合は、このウインドウは表示されません。

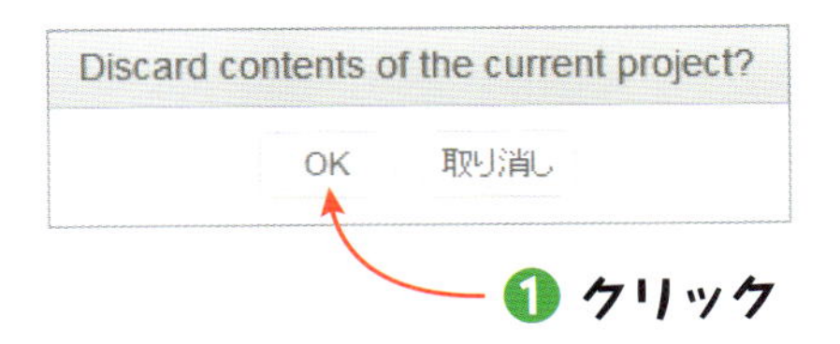

3 何もプログラムされていない新しい画面になりました。

4 スプライトエリアにあるスクラッチキャットを、右クリックから〔削除(さくじょ)〕を選んで消します。これで、なにもない状態になります。

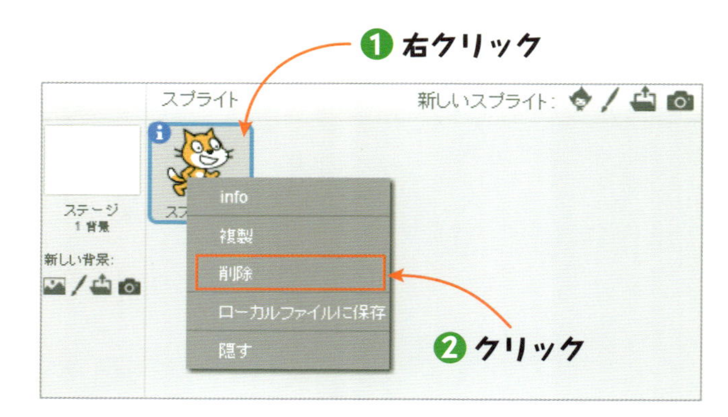

5 宇宙船(うちゅうせん)のイラストを読み込(こ)んで、宇宙船(うちゅうせん)のスプライトを作ります。『新規スプライト』の をクリックします。

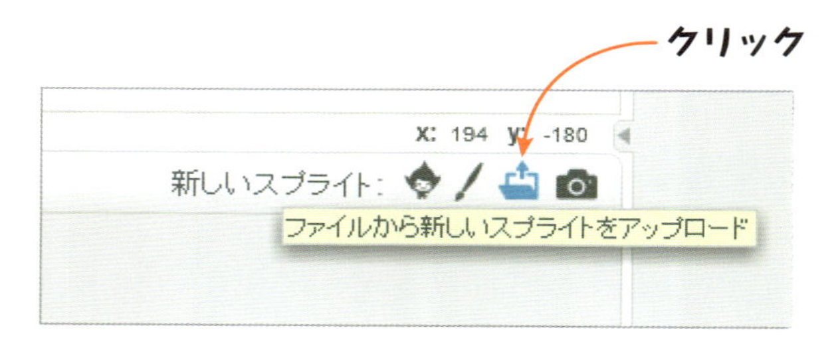

6 ダウンロードしたファイルから、“spaceship.sprite2”を選んで、〔開く(O)〕をクリックします。

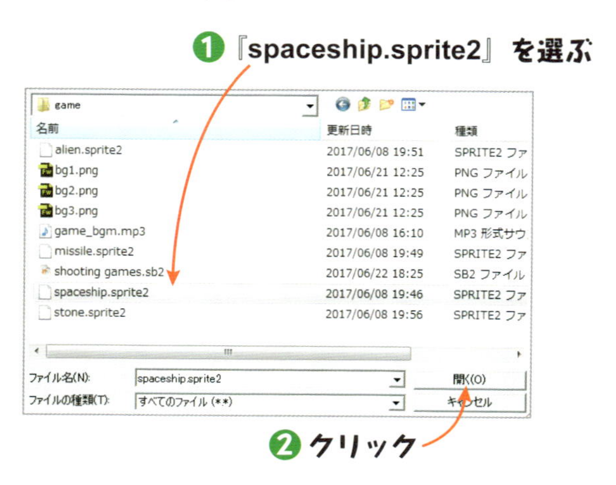

4. ステージ上の位置を指定する

プログラムではステージ上の位置を、x 座標と y 座標で表現します。横方向が x 座標、縦方向が y 座標となります。
x 座標も y 座標も画面の中心が 0 の位置になります。そこから右に行くほど x の数が増え、左に行くほどマイナスの数が増えます（数が減ります）。また、画面の上に行くほど y 座標の数字が増え、下に行くほどマイナスの数字が増えます（数が減ります）。

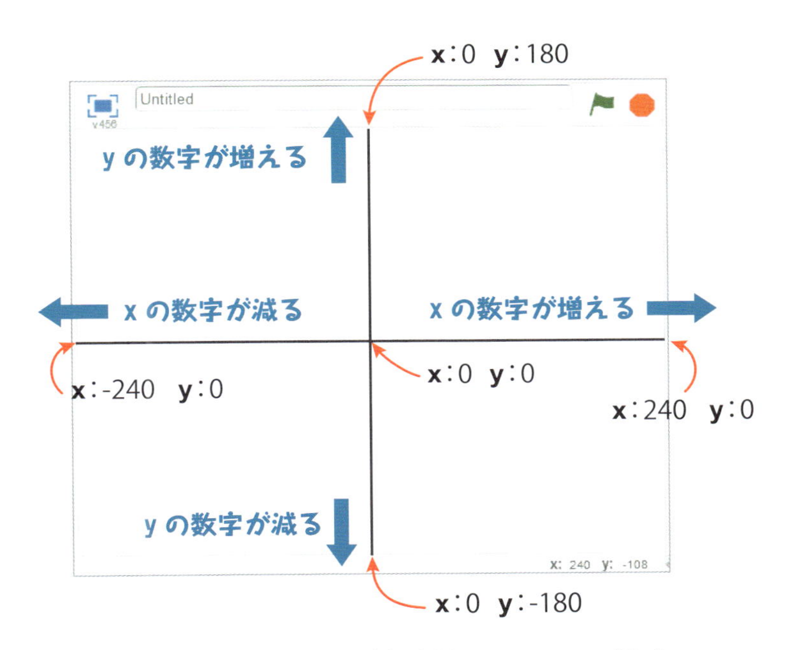

宇宙船を右に移動させるときは、宇宙船の位置の x 座標に数を足して数字を増やします。左に移動させるときは x 座標から数を引いて、数字を減らします。
また、エイリアンを下方向に移動させるときは、位置の y 座標から数を引いて、数字を減らします。

1 スプライトをパソコンのキーボードに反応させるときは、イベント の スペース▼ キーが押されたとき ブロックを使用します。

ヒント

凹んでいる四角の中の文字を、反応させたいキーに合わせて変更します。

2 『右向き矢印』が押されたときは宇宙船を右に移動させるため、動き の x座標を 10 ずつ変える を追加して、x座標を10ずつ変えます。また、『左向き矢印』が押されたときは宇宙船を左に移動させるため、x座標の数が減るように、-10ずつ変えます。

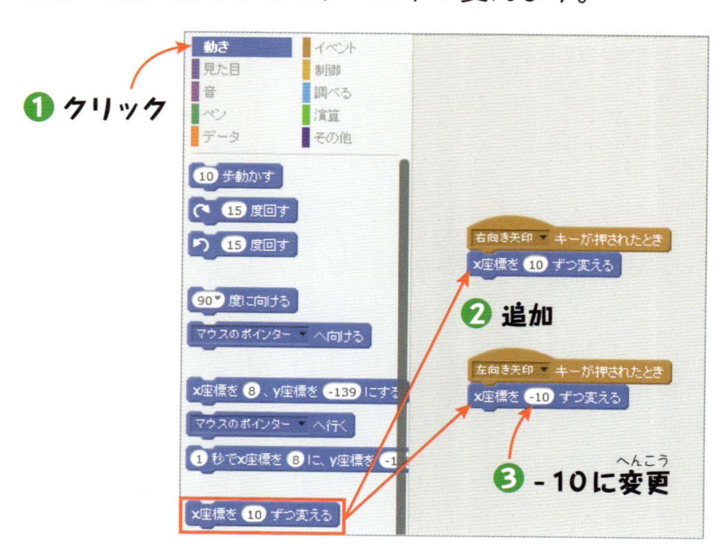

3 ゲーム中に動くようなスプライトは、毎回、同じ位置からゲームがスタートするように、動き の x座標を 0 、y座標を -140 にする ブロックを使用して、スプライトの位置を決めておきます。

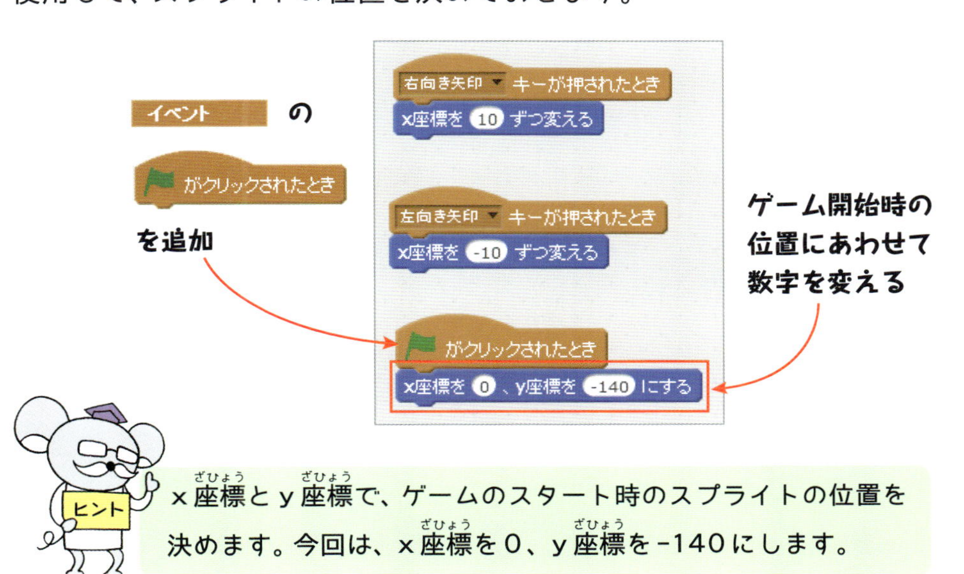

x座標(ざひょう)とy座標(ざひょう)で、ゲームのスタート時のスプライトの位置を決めます。今回は、x座標(ざひょう)を0、y座標(ざひょう)を-140にします。

4 をクリックして動きを確認(かくにん)します。キーボードの ← や → を押(お)すと、宇宙船(うちゅうせん)が左右に動くようになります。

5 『新規スプライト』の をクリックして、エイリアンのイラストを読み込(こ)みます。ファイル名は、“alien.sprite2”です。

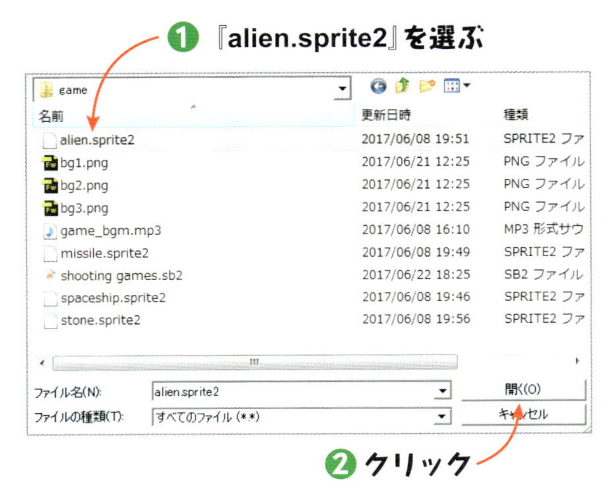

5. クローンでコピーを作る

スプライトのコピー（複製）のことをクローンと呼びます。それでは、エイリアンのクローンを８個作って、並べてみましょう。

1 スプライトのクローンを作るときは、制御 の 自分自身 ▼ のクローンを作る のブロックを使います。以下のようにブロックを並べたら、🏴 をクリックして動きを確認します。

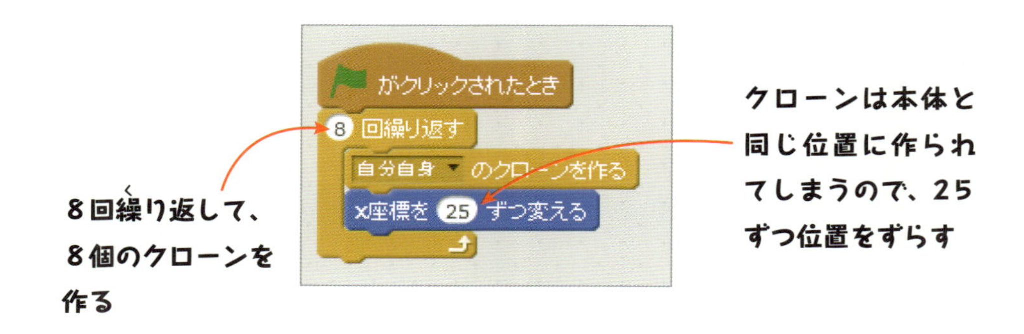

2 本体のスプライトが１個と８個のクローンで、合計９個のエイリアンが作られました。

エイリアンの横幅が55ピクセルのため、x座標を25ずつずらしただけでは重なってしまいました。

3 エイリアンの横幅を考え、60ずつ位置を変えて並べることにします。また、画面の上部に配置するためy座標は150にします。

エイリアンを並べるための考え方

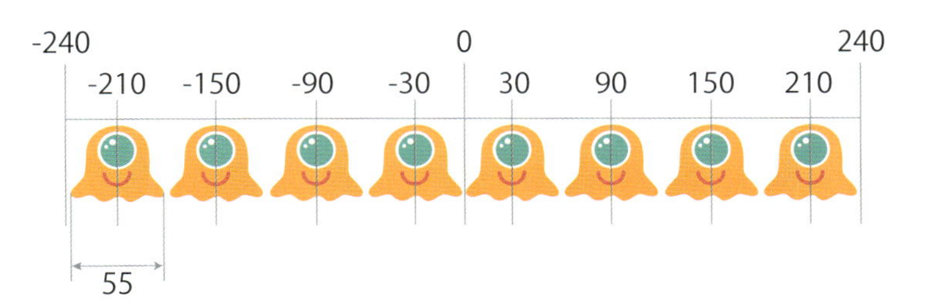

4 クローンで作られたスプライトに指示を出したいときは、制御の クローンされたとき ブロックを使用します。このようにブロックを並べると、クローンで作られたエイリアンが1秒ごとに－10ずつ移動します。

```
がクリックされたとき
x座標を -210 、y座標を 150 にする
8 回繰り返す
  自分自身 のクローンを作る
  x座標を 60 ずつ変える

クローンされたとき
ずっと
  y座標を -10 ずつ変える
  1 秒待つ
```

5 をクリックして実際に動かしてみると、クローンで作られた８個は正しく動いていますが、元のスプライトが残っています。そこで、エイリアンのスプライトを 見た目 の 隠す のブロックでいったん隠(かく)した後、クローンだけを 表示する のブロックで表示させます。

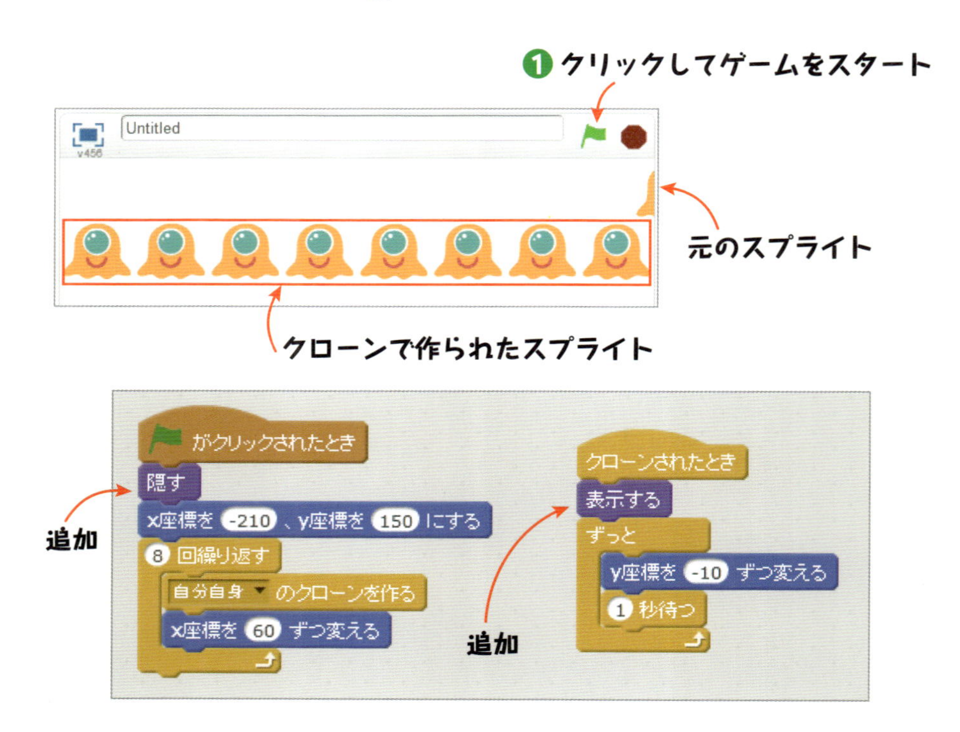

6 『新規スプライト』の をクリックして、今度はミサイルのイラストを読み込(こ)みます。ファイル名は、"missile.sprite2"です。

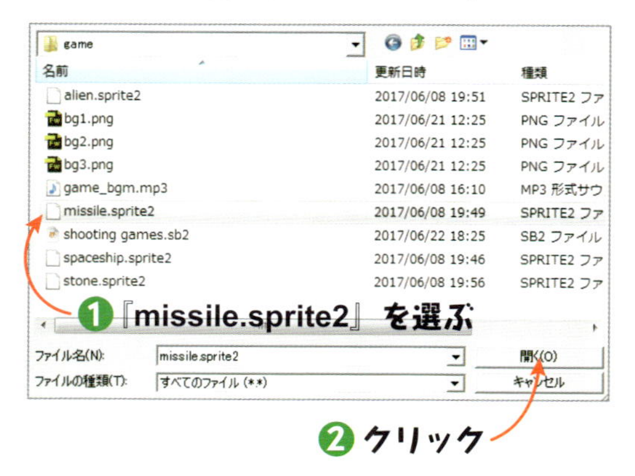

6. ミサイルを発射する

クローンを使って、ミサイルを何発も発射できるようにします。それでは、このプログラムの手順を考えてみましょう。

❶ スプライト本体を 隠す で隠す
❷ ↑ が押されたら、自分自身 のクローンを作る でクローンを作る
❸ 宇宙船から発射するため、クローンを宇宙船の座標に移動させる
❹ クローンを 表示する で表示させる
❺ クローンのｙ座標の数を一定ずつ増やし、画面上方向に移動させる

ミサイルの手順をブロックでプログラミングする

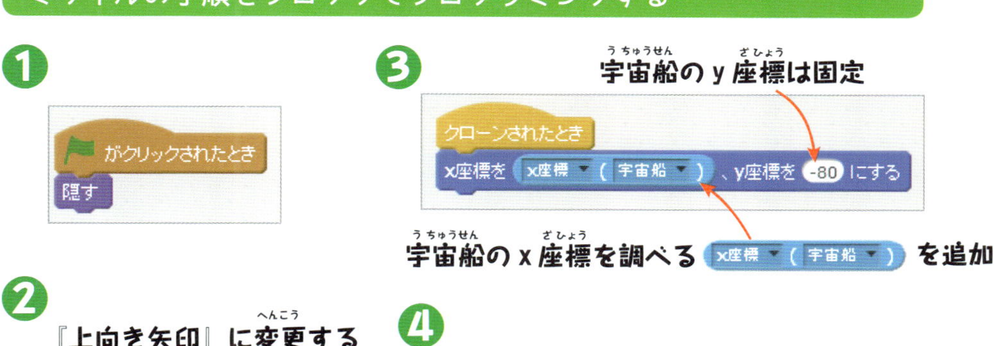

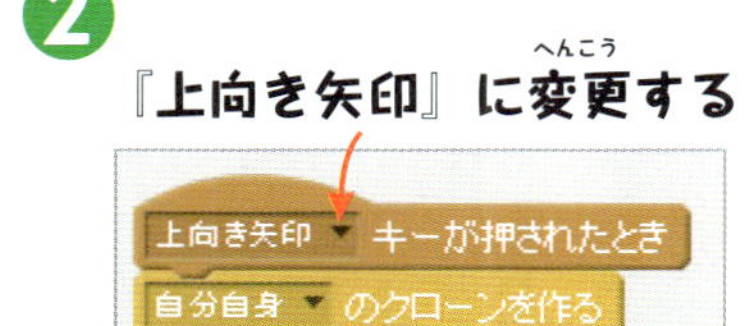

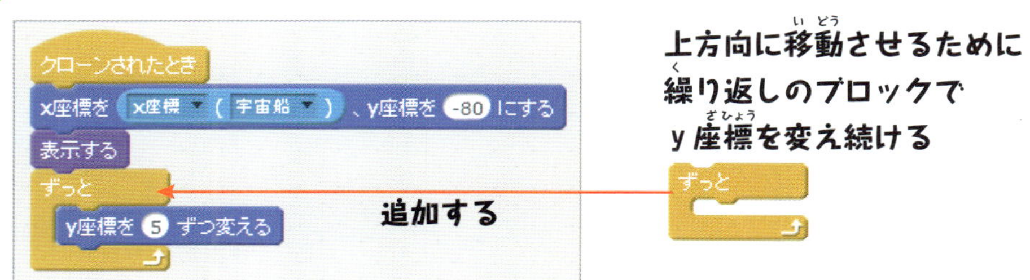

1 をクリックして実際に動かしてみましょう。いまのプログラムだと画面の上端にミサイルが残ってしまいます。これは移動の繰り返しが無限ループになっているためです。そこで、繰り返しを止めるための条件を追加します。

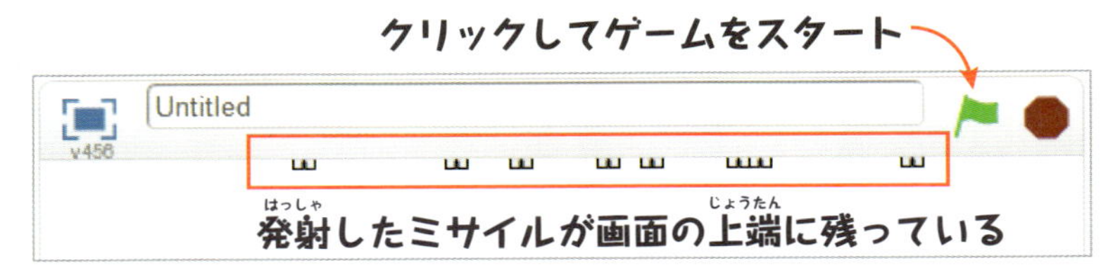

画面の端にミサイルがきたら消す条件を追加したプログラム

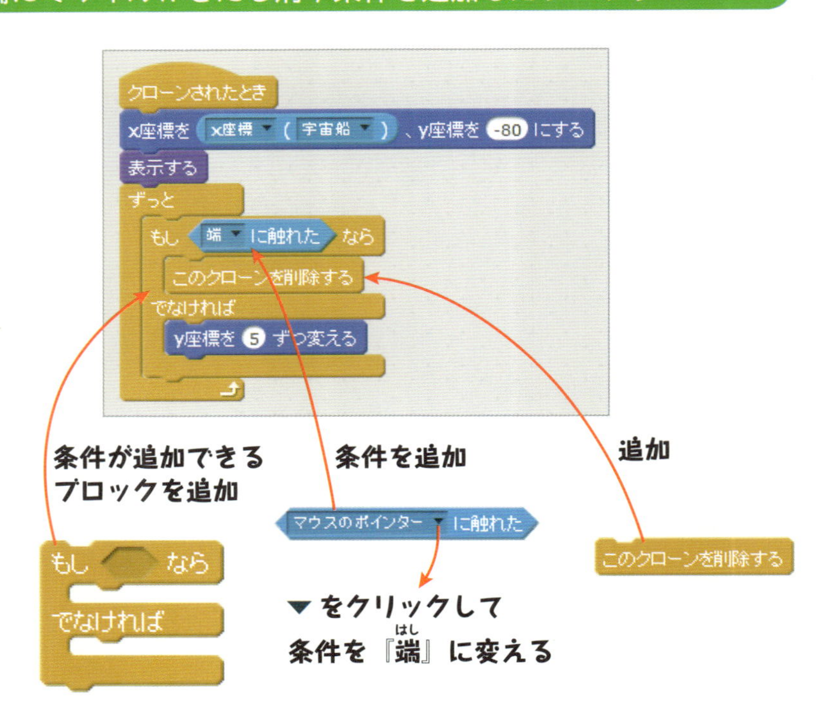

ミサイルが『画面の端に触れた』なら、クローンを削除する条件を追加します。

7. いん石を落下させる

いん石は１秒ごとに２個ずつ、適当に位置を変えて落下します。それでは、クローンを使ったプログラムの手順を考えてみましょう。

1 『新規スプライト』の をクリックして、いん石のイラストを読み込みます。ファイル名は、“stone.sprite2”になります。

2 いん石が落ちてくる手順を考えてから、ブロックでプログラミングします。

❶ スプライト本体のｙ座標を150にしてから 隠す で隠す
❷ １秒ごとに２個ずつ、 自分自身▼ のクローンを作る でクローンを作る
❸ 乱数を使って、クローンのｘ座標を適当に変える
❹ クローンを 表示する で表示させる
❺ クローンのｙ座標の数を一定ずつ減らし、画面の端まできたら消す

❶

いん石は画面の上部から落ちてくるので、ｙ座標を150にする

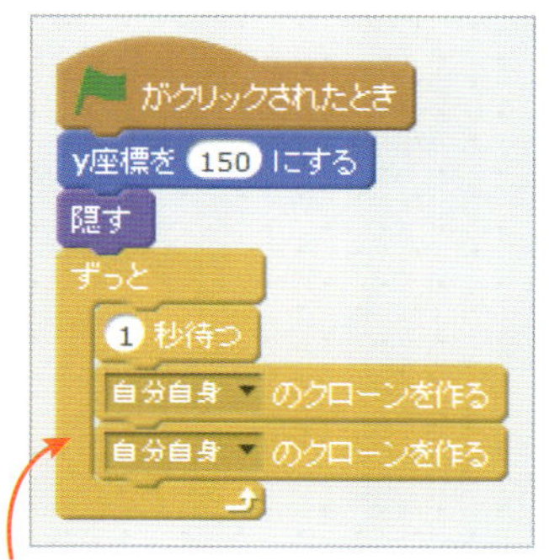

繰り返しのブロックを使って１秒ごとにクローンを作る手順を繰り返す

❸

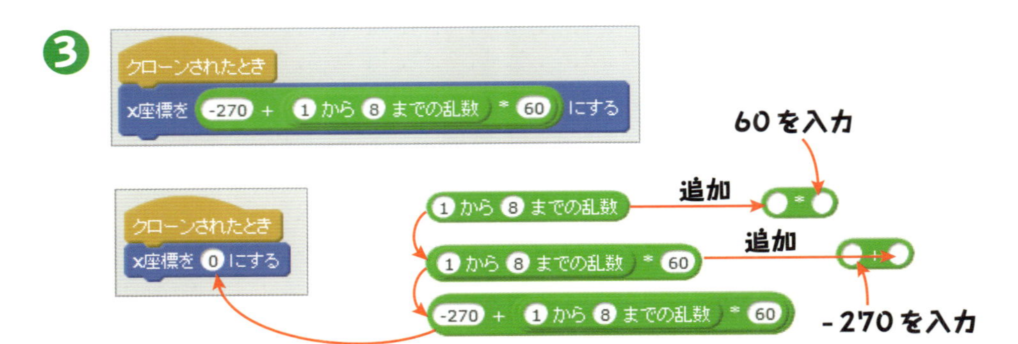

1～8までの数字に60をかけて、-270と足し算することで、-210、-150、-90、-30、30、90、150、210の数を適当に作っています

（○*○）は掛け算で、（○/○）は割り算のブロックとなります。いん石は、エイリアンと同じ位置から落とすため、x座標の-210から60間隔で8か所となります。

❹

クローンされたとき
x座標を -270 + 1 から 8 までの乱数 * 60 にする
表示する

追加

❺

クローンされたとき
x座標を -270 + 1 から 8 までの乱数 * 60 にする
表示する
ずっと
もし 端 に触れた なら
このクローンを削除する
でなければ
y座標を -5 ずつ変える

ミサイルと同じスクリプトを追加する

移動する方向で数字のプラスとマイナスが変わる

8. 当たりの判定を追加する

ミサイルがエイリアンに当たったときの判定と、いん石が宇宙船(うちゅうせん)に当たったときの判定を、プログラムに追加してみましょう。

1 ミサイルを発射(はっしゃ)するスクリプトに、イベント の メッセージ1 を送る を追加します。

2 エイリアンのスプライトをクリックし、エイリアンのスクリプトエリアに メッセージ1 を受け取ったとき を追加します。

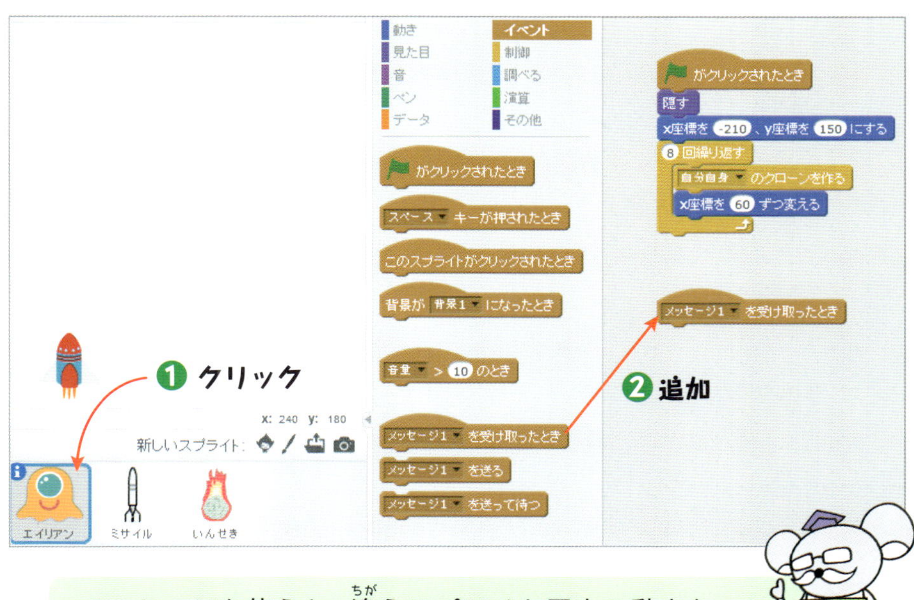

メッセージを使うと、違(ちが)うスプライト同士の動きを、連動させることができます。

ヒント

3 当たりの判定には、調べる の ミサイル ▼ に触れた のブロック（逆三角形のボタンをクリックして、『ミサイル』を選びます）を使用します。

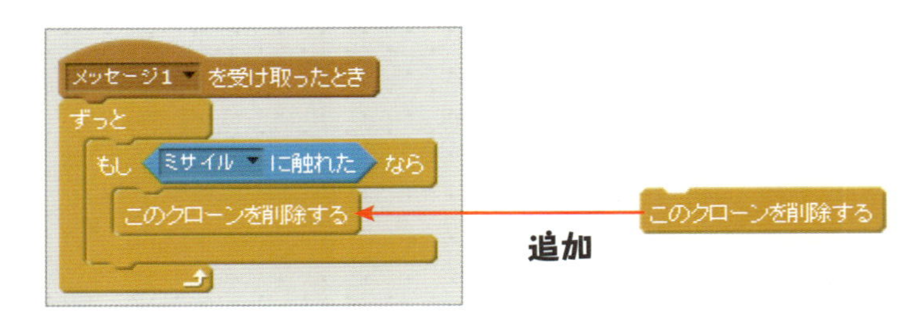

4 宇宙船のスプライトにも、同じようにいん石が当たったらゲームを終わりにする判定を追加します。

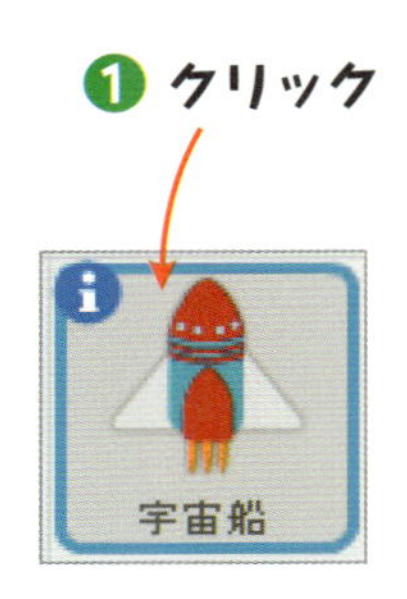

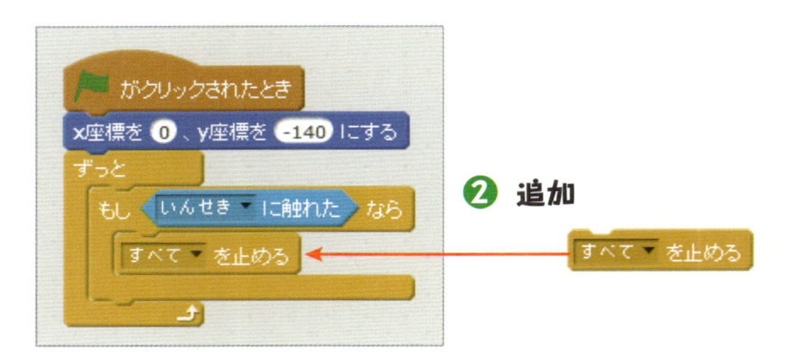

5 エイリアンのスプライトにも、エイリアンが画面下の端まで到達してしまったら、ゲームを終わりにする判定を追加します。

クローンされたとき
表示する
ずっと
y座標を -10 ずつ変える
1 秒待つ
もし 端 ▼ に触れた なら
すべて ▼ を止める

❷ 追加

もし 端 ▼ に触れた なら
すべて ▼ を止める

9. ゲームを楽しく演出する

少しはゲームらしい動きになったと思います。しかしこのままでは、クリアできたのか、ミスをしたのかがわかりにくく、ゲームとしては面白くありません。ここからはゲームを楽しくする工夫を追加していきます。

1 ３枚の背景を追加します。これは、プレイ中の画面、ゲームオーバーの画面、ゲームクリアの画面となります。

❶ クリック

❷ クリック

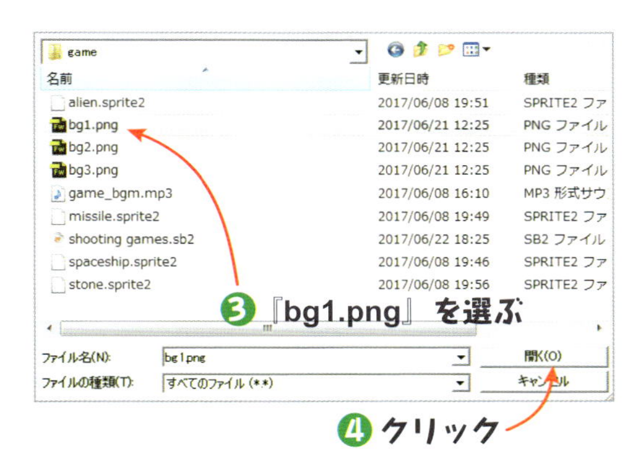

❸『bg1.png』を選ぶ

❹ クリック

❺ クリックして、『bg2.png』を読み込む

一枚目の背景が読み込まれたので、二枚目の背景を読み込みます

❻ クリックして、『bg3.png』を読み込む

二枚目の背景が読み込まれたので、三枚目の背景を読み込みます

2 背景に読み込んだプレイ画面とゲームオーバーの画面を、プログラムに追加します。〔スクリプト〕のタブにしてから作業します。

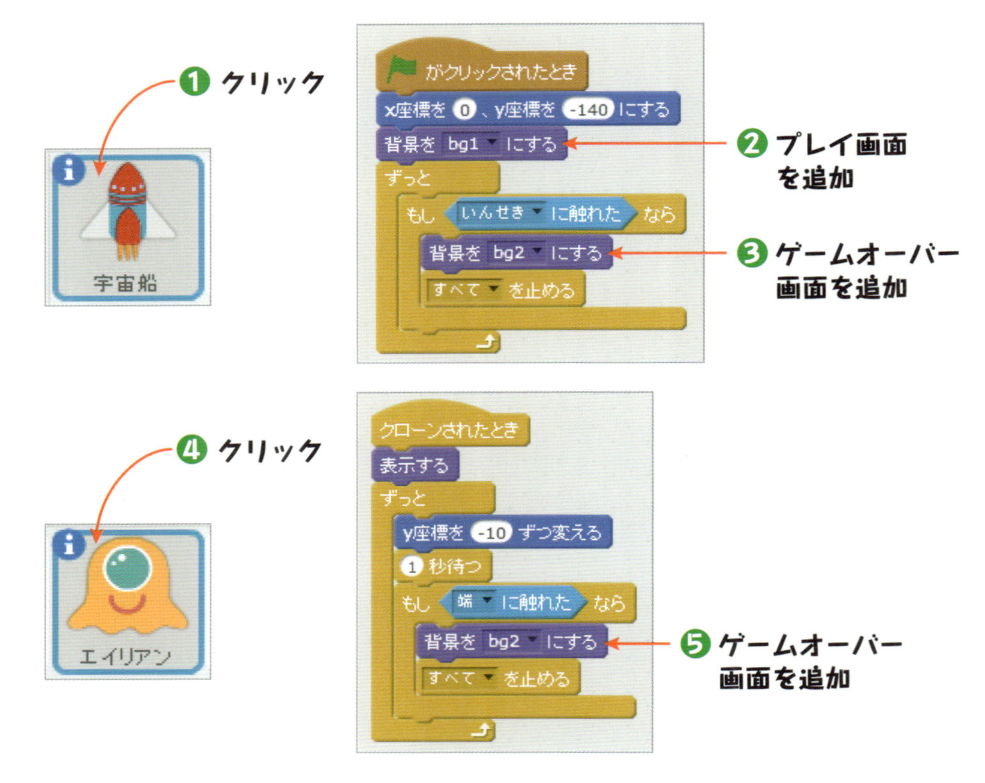

3 ゲームのクリアを判断するため、消したエイリアンの数をカウントします。まずは、カウント用の変数（P125参照）を作ります。

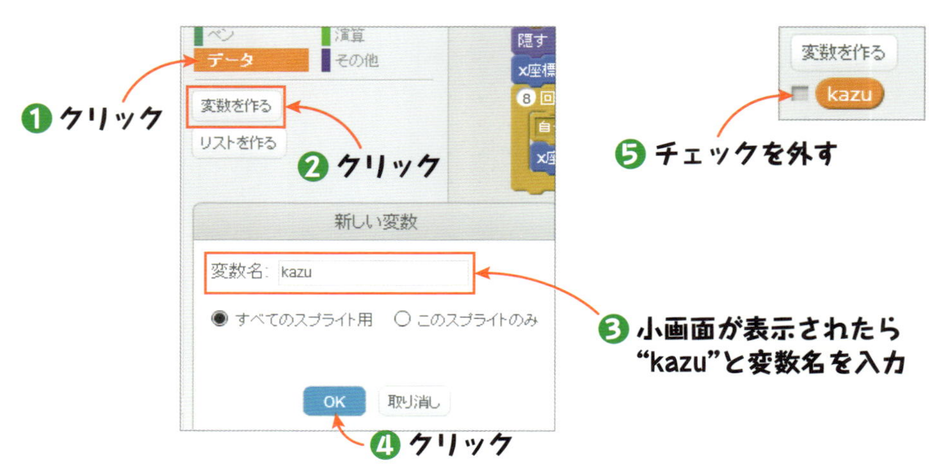

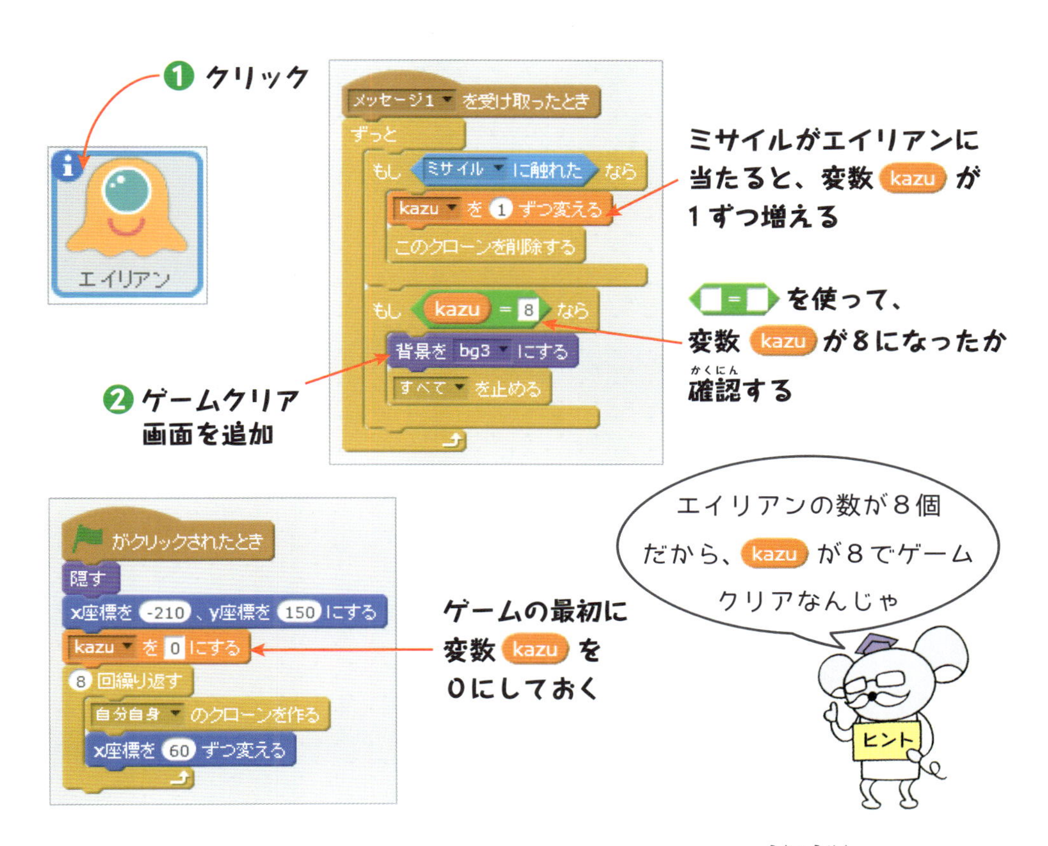

4 スクリプトのコスチューム機能（P120参照）を使って、宇宙船にいん石が当たったら爆発するアクションを追加します。

5

ゲームに音を追加します。Scratchではスクリプトごとに、音楽や効果音を設定することができます。BGMは背景に設定することにします。

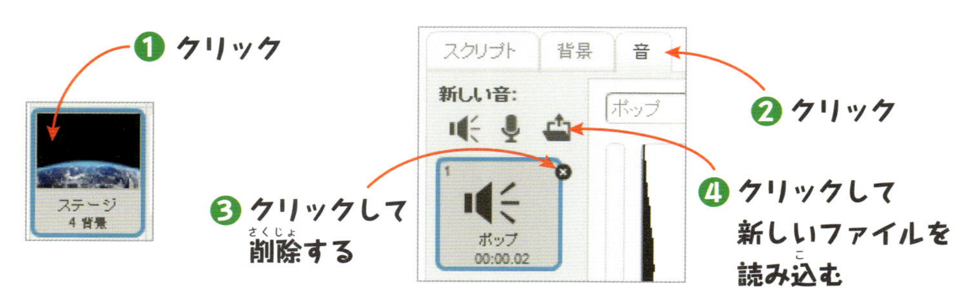

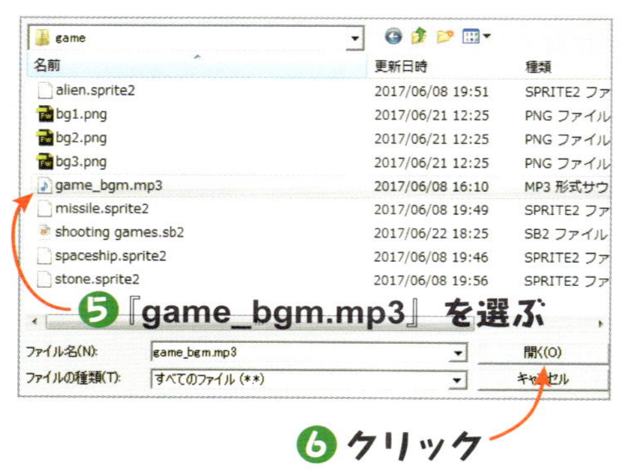

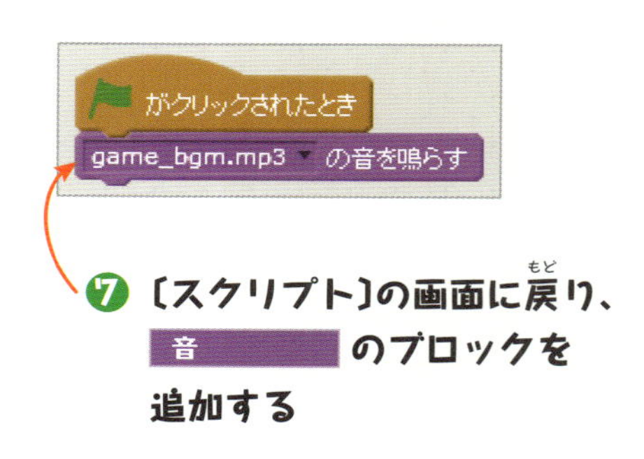

6

ミサイルを発射したときの音を、ミサイルのスクリプトに追加します。

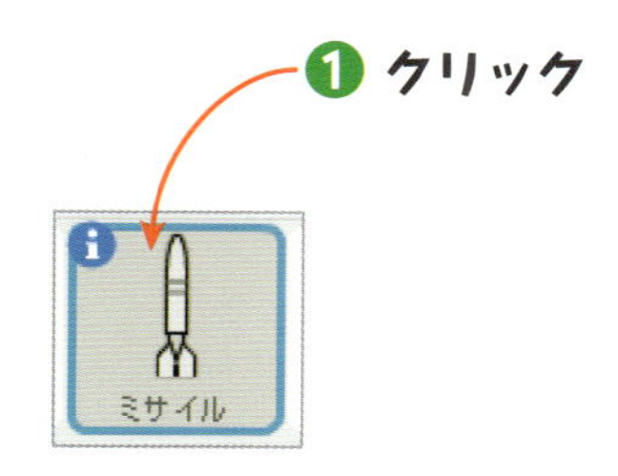

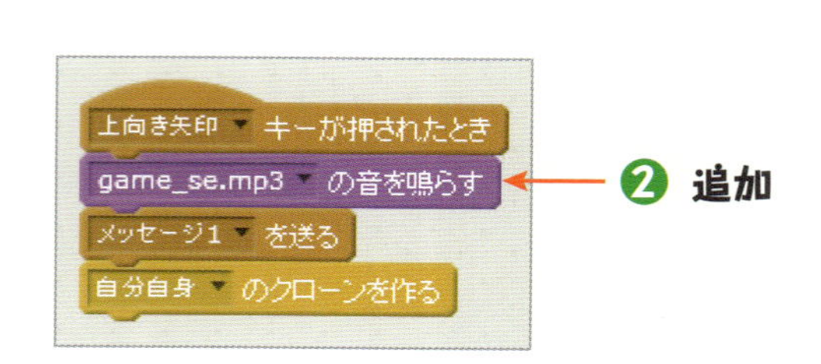

これでシューティングゲームは完成です。最初に遊んだサンプルと同じようにできましたか？今回のゲームを参考にして、みんなもオリジナルのゲームを作ってみてください！

おまけ

ここでは、おそうじロボットの動きを再現したScratchによる二つのプログラムと、昔の駄菓子屋に置いてあった懐かしいゲームを再現した5円ゲームについて紹介します。
プログラムというとゲームを想像する人も多いと思います。自分が考えたゲームを、自分でプログラミングして、それを友だちが遊んでくれている姿を想像するだけで、ワクワクしてきませんか？
コンピュータを使ってロボットを動かすアルゴリズムを考えたり、パソコンで遊ぶゲームを作ったり、発想力と創造力次第でプログラムには無限の可能性があるのです。
遊んでみて、興味がわいたら、ぜひプログラムの中味をのぞいてみてください。遊びの中に、たくさんの学びが隠れているはずです。

1. データのダウンロード

おそうじロボットのプログラムに使う二つのScratchデータと、5円ゲームのScratchデータを、インターネットからダウンロードします。

1 Webブラウザで、『http://sinju.org/repicbook/scratch.zip』にアクセスしてください。小画面が表示されたら、ユーザー名に『scratchbook』、パスワードに『23suypnvvb』を半角小文字で入力します。

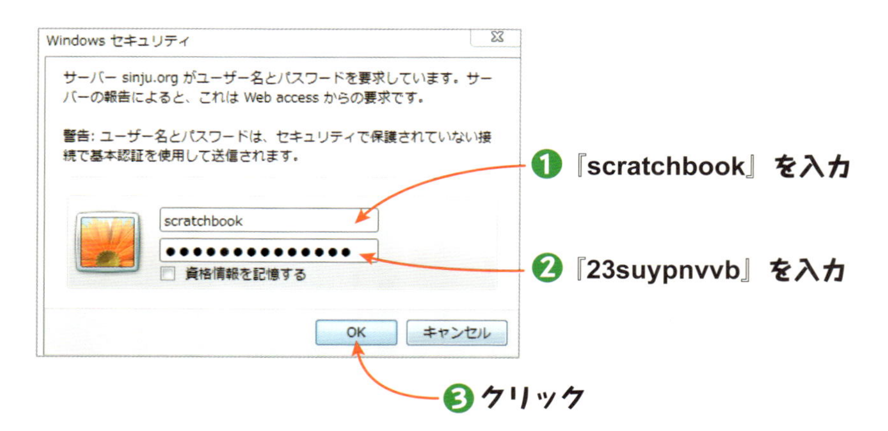

2 『ファイルを開く（O）』をクリックするか、『保存（S）』をクリックしてファイルを保存してから解凍します。

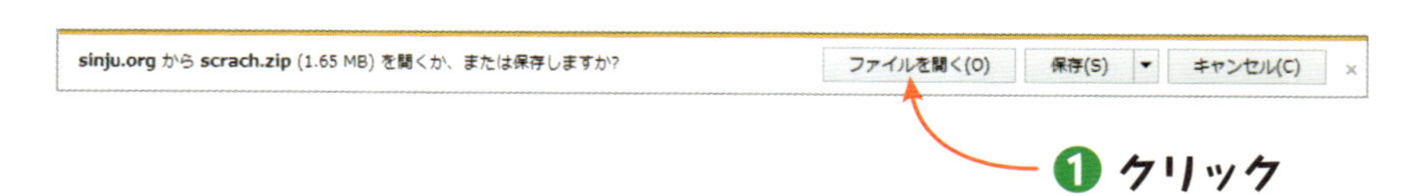

3 三つのファイルが入っているフォルダーが作られます。フォルダーがパソコンのどこに作られたか、確認してください。

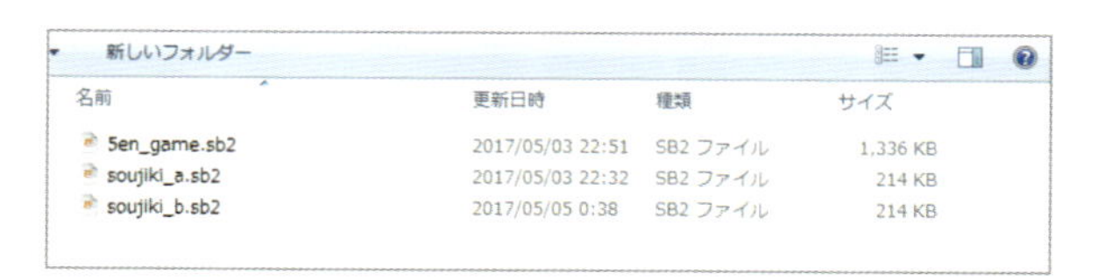

2. おそうじロボットを動かす

「ネズミ探偵団と謎の怪盗事件」のお話に登場した、おそうじロボットの二つの動きをScratchで体験します。

お話の世界では、おそうじロボットはモータが車輪を回して移動していましたが、画面上のおそうじロボットは、横方向の位置（x座標）と縦方向の位置（y座標）を変えることで移動します。それでは、実際のプログラムを見て、確認してみましょう。

雑巾がけのような平行移動パターン

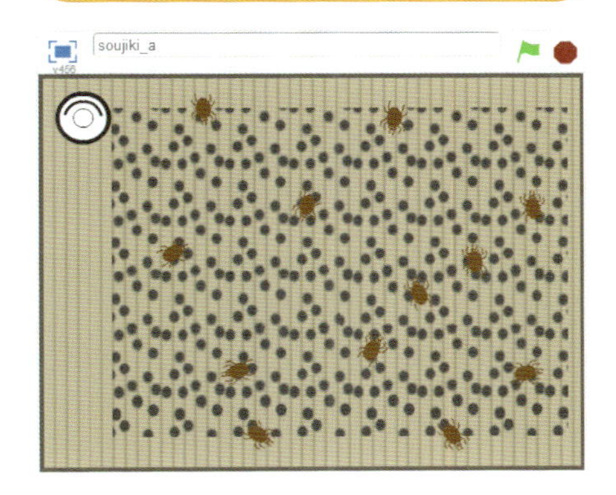

ぐちゃぐちゃに動くパターン

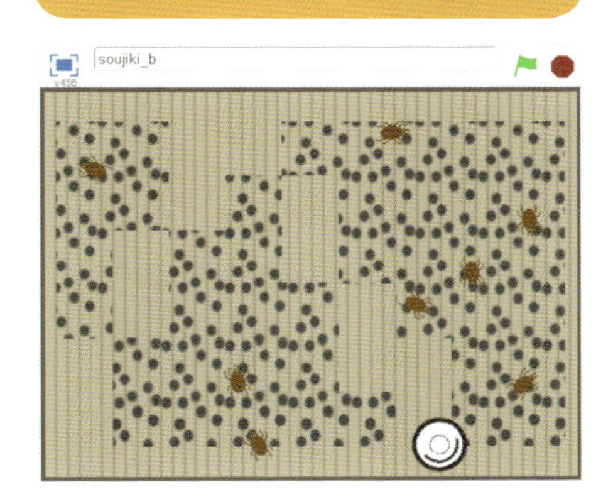

おそうじロボットは、🏁をクリックしただけでは動きません。そのあと、スペースキーなど、何かのキーを押すと動き始めます。

また、🏁は、必ずクリックしてください。正しく動作しなくなります。

1 Webブラウザーで、『https://scratch.mit.edu/』にアクセスします。Scratchのサイトが表示されたら、『作る』をクリックします。

2 『ファイル』から『手元のコンピューターからアップロード』を選んでクリックします。オフラインエディターを使っている場合は、『ファイル』から『開く』を選んでクリックします。小画面が表示されます。

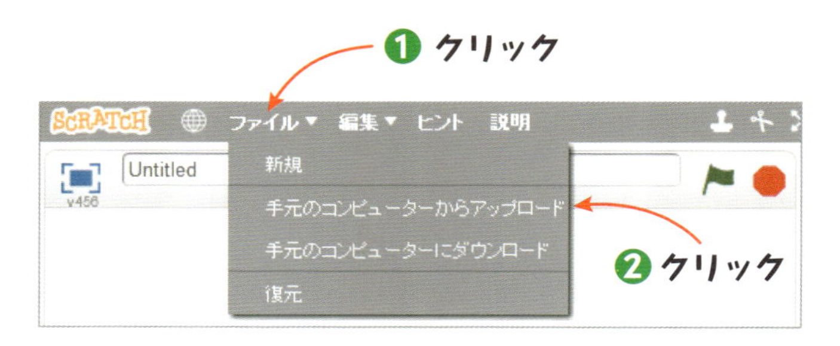

3 ダウンロードしたファイルから、“soujiki_a.sb2”または“soujiki_b.sb2”を選んで、『開く(O)』をクリックします。

【雑巾（ぞうきん）がけのような平行移動パターン】は、“soujiki_a.sb2”を選びます

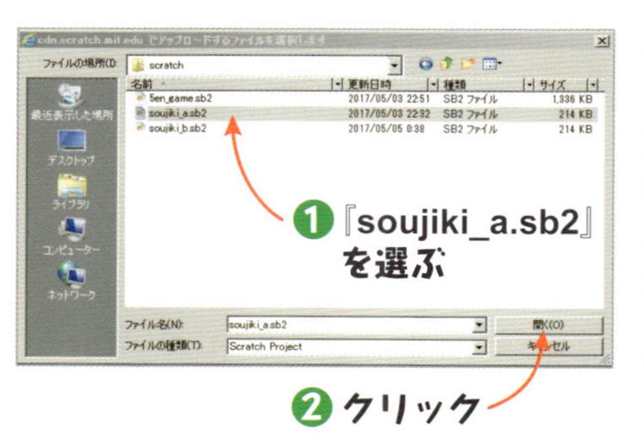

【ぐちゃぐちゃに動くパターン】は、“soujiki_b.sb2”を選びます

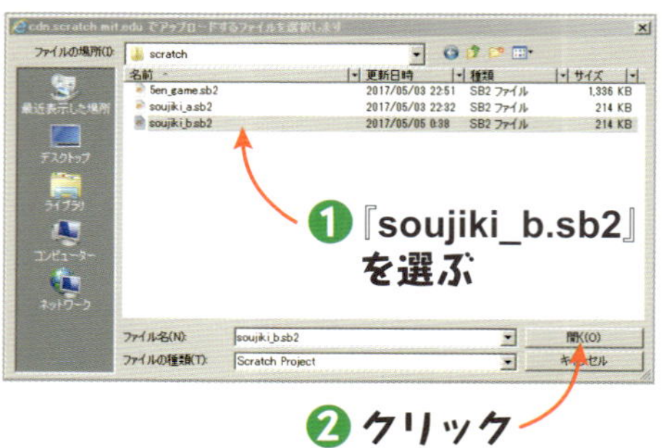

4 小画面が表示されたら、〔OK〕をクリックします。オフラインエディターを使っている場合は、この小画面は表示されません。

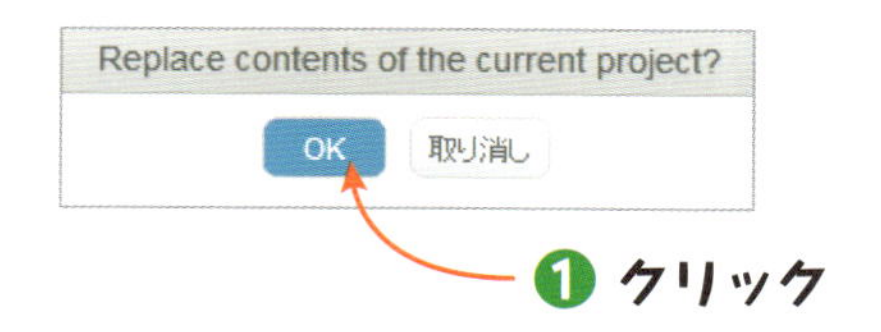

3. ゲームで遊ぶ

Scratchで作ったゲームで遊んでみましょう。そして、プログラムの中味をのぞいてみてください。Scratchの良いところは、他人のプログラムを見られるところです。きっと、新しい発見があると思います。

ダウンロードしたファイルの“5en_game.sb2”を読み込んで開きます。

ゲームの遊び方

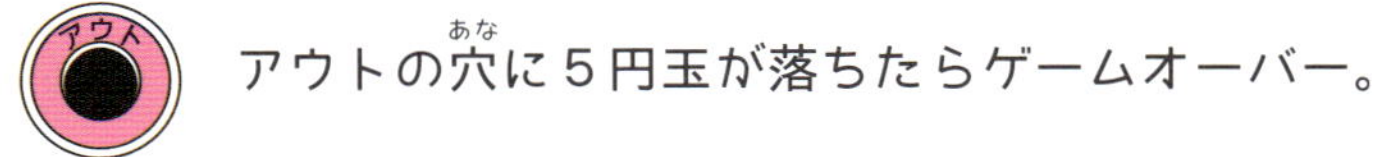

メーターの動作中に、ボタンを押して5円玉をはじく。

アウトの穴に5円玉が落ちたらゲームオーバー。

5円玉はレールの上を転がる。レールがない部分では落下。

プログラミングとは、ブロックの単位まで動きを細分化することともいえます。複雑な問題を細分化することは、プログラムを作るうえで大切なことです。皆さんもいろいろなプログラムに挑戦してみてください。

本書の内容に関するお問い合わせは、repicbook株式会社の下記のメールアドレスからご連絡をお願いします。

 scratch@repicbook.com

子どもの考える力を育てる

ゼロから学ぶ プログラミング入門

2017年10月10日 第1刷発行

著者	すわべ しんいち
監修	熊谷 正朗
挿絵	典（てん）
編集人	諏訪部 伸一、江川 淳子、野呂 志帆
発行人	諏訪部 貴伸
発行所	repicbook（リピックブック）株式会社 〒353-0004　埼玉県志木市本町5-11-8 TEL/ FAX　048-476-1877 http://repicbook.com
印刷・製本	株式会社シナノパブリッシングプレス

紙のはしや本のかどで手や指を傷つけることがありますのでご注意ください。

　ISBN978-4-908154-07-2